培根告诉我们的75条为人处世哲理

弗朗西斯·培根的随笔给我们提供了一种尘世中的智慧，它让我们变得充满理性并世事洞明。

——房龙

越读越聪明
YUE DU YUE CONGMING

培根告诉我们的75条为人处世哲理

孙晓韫 编著

研究出版社

图书在版编目（CIP）数据

培根告诉我们的75条为人处世哲理 / 孙晓韫编著.
— 北京：研究出版社，2013.4（2021.8重印）
（越读越聪明）
ISBN 978-7-80168-805-7

Ⅰ.①培…

Ⅱ.①孙…

Ⅲ.①人生哲学—青年读物 ②人生哲学—少年读物

Ⅳ.①B821-49

中国版本图书馆CIP数据核字（2013）第083359号

责任编辑：曾　立　　责任校对：张　璐

出版发行：研究出版社
　　　　　　地　址：北京1723信箱（100017）
　　　　　　电　话：010-63097512（总编室）010-64042001（发行部）
　　　　　　网址：www.yjcbs.com　E-mail：yjcbsfxb@126.com
经　　销：新华书店
印　　刷：北京一鑫印务有限公司
版　　次：2013年6月第1版　2021年8月第2次印刷
规　　格：710毫米×990毫米　1/16
印　　张：14
字　　数：180千字
书　　号：ISBN 978-7-80168-805-7
定　　价：38.00 元

前　言

　　弗朗西斯·培根（1561—1626），英国文艺复兴时期重要的散文家、法学家、哲学家、政治家，英国唯物主义和整个现代实验科学的始祖。黑格尔说："丰富的想象、有力的机智、透彻的智慧，他把这种才智运用在一切对象中最有趣的那个上，即通常所谓的人世。在我们看来，这就是培根的特色。"

　　培根既是西方近代史上的一位哲人，又通达人情世故，一生大半时间都汲汲于功名，入世极深。他出身名门，才华出众而雄心勃勃，很期望得到一条谋取功名利禄的捷径，然而在伊丽莎白女王一朝，他始终默默无闻，还曾因审判好友叛乱一案而饱受争议。伊丽莎白驾崩后，他时来运转，先后被任命为首席检察官、掌玺大臣、大法官。正当春风得意、青云直上之时，他又因卷入一起受贿案而遭议会弹劾。培根无法否认自己的罪状，最终被削官为民。仕途无望以后，他只好回家继续学术研究，直至离世。

　　培根深谙英国内政、外交、官场以及上流社会的种种风雅、时尚，宦海沉浮的多变经历更丰富了他的阅历，正因为如此，才锤炼出他沉雄蕴藉的笔力和老辣深湛的处世思想。在这方面，《培根人生随笔》无疑是最佳的例子。这本书是培根多年反复锤炼的精工之作，总计五十八篇，然而却写了三十年时间，可见作者用力之深。作为一名学识渊博且通晓人情世故的哲学家和思想家，培根在此书中表现出了成熟、独到的处世智慧。此书充满了作者对人世的通透洞察，正如法国的让·德·维莱说："《培根人生随笔》体现了明智的处世本领，为世人所广泛传阅。"四百年来，《培根人生随笔》从未绝版，被美国《生活》杂志评选为"人类有史以来的20种最佳书"之一。

为了让青少年朋友更方便快捷地汲取培根的处世智慧，我们编纂了这本《培根告诉我们的75条为人处世哲理》。

本书为青少年量身打造。我们通览《培根人生随笔》，从中精挑细选，采撷名言警句，概括并提出了75条为人处世的经验智慧，并归纳为八个大方面："自强奋斗，改写命运"；"心态积极，烦恼不再"；"扫除缺点，成功一半"；"练好口才，走遍天下"；"做事灵活，更快成功"；"呵护友谊，完善交际"；"转换思路，找到出口"；"美丽心灵，魅力人生"。在具体内容上，我们先摘录书中极具启发性的语句，通过短小精悍、富含哲理的小故事进行阐述和拓展，教给小读者切实可行的处世技巧，并引领他们感悟思考，吸收培根这位先哲留给我们的思想精华。

房龙说："弗朗西斯·培根的随笔给我们提供了一种尘世中的智慧，它让我们变得充满理性并世事洞明。"为人处世需要技巧，需要方法，更需要智慧，走进本书，聆听培根的处世智慧。

目录
CONTENTS

第五章　做事灵活，更快成功

第六章　呵护友谊，完善交际

第七章　转换思路，找到出口

第八章　美丽心灵，魅力人生

第一章
自强奋斗，改写命运

命运掌握在自己手里

> 不容否认，一些偶然性常常会影响一个人的命运——例如长相漂亮、机缘凑巧、某人的死亡，以及施展才能的机会等等；但另一方面人之命运也往往是由人自己造成的。正如古代诗人所说："每个人都是自身的设计师。"
>
> ——摘自《培根人生随笔·论幸运》

在生活当中，有的人从生下来就对自己、对生活充满了不满，天天问自己：为什么我长得这么"难看"；为什么我生在一个平凡的家庭，而不是生在富贵之家……埋怨命运的不公。著名文学家茅盾先生对这类人的批判可谓一针见血，他说："命运，不过是失败者无聊的自慰，怯弱者的嘲解。人们的前途只能靠自己的意志、自己的努力来决定。"

据说在深山里面住着一位智慧老人，他能预测未来。几个调皮的小孩就想戏弄一下这位老人。他们抓着一只鸟去到老人那里，问老人："你不是能预知未来吗？请问我手上的这只鸟是死的，还是活的？"

老人回答："如果我说这只鸟是死的，你手一松，这只鸟就会飞掉；如果我说这只鸟是活的，你就会将它掐死。这只鸟的命运，掌握在你的手上。"

其实，这只鸟的命运就是我们人生的命运，它就掌握在我们自己手上。

我们每个人都是自己命运的主人，我们的人生是失败还是成功，是默默无闻还是光彩显赫，完全是自己造成的。尼采曾这样告诫我们：那些受苦受难、孤寂无援、饱尝凌辱的人，不要被妄自菲薄、自惭形秽、颓唐压得抬不起头，你们唯一所能依靠的就是自己，就是自己生命的力量。

有一次，一名意志消沉的经理前去寻求美国著名成功学家拿破仑·希尔的帮助，他因为合伙人的破产而变得一无所有。拿破仑·希尔于是要求他站在厚窗帘的前面，并且告诉他："你将看到这世上唯一能使你重获信心并且克服困境的人。"藏在窗帘底下的其实是一面镜子，因此，当拿破仑·希尔将这块窗帘揭开，出现在经理面前的不是别人，正是他自己。经理用手摸摸自己长满胡须的脸孔，对着镜子里的人从头到脚打量了几分钟，不禁陷入了沉思，过一会儿便向拿破仑·希尔道谢，而后离去。

几个月后，经理再度现身在拿破仑·希尔面前，但他已非昔时意兴阑珊的失意者，而是从头到脚打扮一新，看起来精神焕发、信心十足的样子。他告诉拿破仑·希尔："那一天我离开你的办公室时还只是一个流浪汉。我对着镜子找到了我的自信。现在我找到了一份薪水不错的工作，我确信自己从前的成功肯定还会降临。"

西班牙作家塞万提斯说得好："勇敢者开拓自己的命运之路，每个人都是自己命运的开拓者。"贝多芬在28岁之时，先是双耳失聪，之后贫穷和失恋接踵而来，但他知难而进，紧紧扼住命运的咽喉，顽强地在音乐世界里寻找自己的希望，这期间创作的《命运交响曲》，描写的就是自己曲折的生活经历和不屈不挠的奋斗精神。法国现代科学幻想小说的鼻祖儒勒·凡尔纳，一生创作了一百多部作品。他的第一部小说《气球上的星期五》寄往15家出版社都被退了回来，但儒勒·凡尔纳并不气馁，最后，稿子终于被第16家出版社出版，从此一举成名。

其实，人生是属于自己的，人人都有自己的人生低谷与高峰，但只有那些在崎岖的道路上不畏劳苦，勇于战胜困难，不为命运所屈服，始终抱定自己的目标不懈努力的人们，才能登上光辉的高峰。"路漫漫其修远兮，吾将上下而求索"。成功从来都是和奋斗紧密相连的，而绝不是命运的恩赐。我们应该发扬咬定青山不放松的精神，最大限度地发挥自己的主观能动性，不屈不挠，奋发进取，努力实现自己的理想和目标，成为驾驭自己命运的主人！

没有绝对的幸与不幸

> 一切幸福都并非没有烦恼，而一切逆境也绝非没有希望。
>
> ——摘自《培根人生随笔·论逆境》

什么是幸福？这是一个很难回答的问题，因为每个人都有自己的幸福标准。在我们眼里是幸福的事情，在别人眼里可能刚好是不幸福的原因；而在我们眼里是不幸的境遇，在别人眼里却可能是幸福的开端。

试想一种如此美好的生活：

出生了，父母都在家中全心全意地照顾你，你的母亲在产假里照领全薪。而你的父亲也因妻子生育而享受9个月的"产假"。

在你16周岁前，父母可获得生活津贴。你绝不会"穷人的孩子早当家"。

16周岁以后，你完成了9年义务教育。想继续深造？没问题，国家给你学习津贴。

病了？不用慌，你可享受病假补助，其数额视病假长短而定，相当于工资的75%至100%，医疗费用和经医生之手的药品，大部分由国家负担。

失业了？领救济金去吧。每月1.3万克朗，约相当于1.3万元人民币一个月，比北京、上海的普通白领还要高。如果你再打一份不用交税的零工，日子过得就更红火了。

不想工作，无所事事？念大学去呀——反正也是免费。

老了？国家养着你。

这种不是神仙赛神仙的美好生活是属于瑞典人民的。富裕的国家为他们制定了从摇篮到坟墓的福利，使他们不愁吃不愁穿不怕病，失业了也很快乐，老了也生活得很体面。可是，在我们眼里是梦寐以求的生活，在他们眼里不见得就是幸福：每年有两千多个瑞典人自杀，使瑞典成为世界上自杀率最高的国家之一。2004年，瑞典摔跤世界冠军米歇尔·永贝里自杀身亡，年仅34岁。

在瑞典的负面新闻里，"年轻人的恶作剧""自杀"这样的字眼司空见惯。他们自杀的原因之一就是：生活太好。他们无须奋斗，没有压力，无所事事，生活无忧之余就想：上帝要我来干什么？上帝要我来到底要干什么？找不到生活的意义，活着让他们只感到痛苦。

幸福对于富裕的瑞典人来说都是那么难求，那么对于贫穷的人来说，是不是遥远如天边的星月？

一个长得黑黑的女孩子，坐在一大堆旧鞋当中。她的工作是负责修鞋，用针扎，然后放在修鞋机上面，用线穿透破烂的地方。这样机械的工作，使得她的神经有些麻木，但为了糊口她选择了坚持，她一想到母亲的病容，就觉得浑身充满了力量。

她有个业余爱好，喜欢画画，她曾经一度求母亲让自己能够上学，她想成为一个艺术家，但捉襟见肘的家庭，使得她暂时搁置了这份梦想。

她有事无事时，便在皮鞋的底部画画。这可是个充满乐趣的工作，她一度将整个皮鞋下面写满了字，画满了画。直到有一天，师傅发现了这个致命的问题，他十分恼火她的嚣张与任性："这会给我们带来坏印象的，你简直是在砸我们的饭碗！"

麻烦终于来了，一位客人发现了这个问题，他歇斯底里地要求，将皮鞋下面的画全部清除掉，并且向他赔礼道歉，他还拒绝支付修鞋的费用。

小女孩痛哭流涕，她没有想到自己的理想，也会给人带来麻烦。

福无双至，祸不单行。又一位顾客拿着鞋子找了过来，这是一位绅士，他的名字叫作迪尔，他拿的鞋子下面画着一只张开的翅膀。

"这是你的恶作剧吗？"迪尔先生质问小女孩。

小女孩点头称是，同时低下头希望他能够谅解自己。

师傅在旁边点头哈腰着："先生，是我管教无方，请您一定不要和一个孩子过不去。"

"不，她简直是个天才，如果她一直在皮鞋下面画画的话，我相信有一天，她能够打破吉尼斯世界纪录的。"

小女孩惊恐地望着迪尔先生，她不知道他的话是褒是贬。

"你愿意去我的学校吗？我是说学艺术、绘画、写字，我是一名老师，艺术老师。不必考虑费用问题，面对一个天才，我应该有所牺牲的。"

这个叫卢拉的小女孩听后喜极而泣，她跟随着迪尔踏入了艺术的殿堂，并且不负众望，在众多的学生当中脱颖而出，成为沙特阿拉伯首屈一指的艺术大师。

命运把卢拉安排在一堆破烂的鞋子当中，但她为自己找到了在鞋底画画的幸福，找到了"伯乐"迪尔先生，找到了免费学习艺术的机会。相对于富裕的瑞典人，卢拉反而是幸运的，她一直保有自己的梦想，所以在困难的生活中一直有幸福相伴。

从上面两个例子，我们可以看到，生活中没有绝对的幸与不幸，正如培根所说："一切幸福都并非没有烦恼，而一切逆境也绝非没有希望。"正因为如此，身处顺境之中时，我们应该看到潜在的危险。古人很早就注意到了这个问题，所以才留下了诸如居安思危、常备不懈、安不忘危、防患未然、安不忘忧、居安思危、未雨绸缪这一类脍炙人口的成语。

遇到困难和挫折的时候，我们应该告诫自己，不能丧失生活的信心、勇气和希望。许多人常常把自己看作是最不幸的、最苦的，实际上，任何人都有属于自己的烦恼，你的烦恼不见得就比别人的大。不要因为没有鞋子而哭泣，看看那些没有脚的人吧！没有什么困难能够打垮你，唯一能够打垮你的就是你自己。

从顺境中找到阴影，从逆境中找到光亮，时时找准自己前进的目标，不因幸运而故步自封，不因厄运而一蹶不振，这才是真正的强者。

求幸运不如战胜逆境

> "幸运固然令人羡慕，但战胜逆境则令人敬佩。"这是塞涅卡模仿斯多葛派哲学讲的一句名言。确实如此。超越自然的奇迹，总是在对逆境的征服中出现的。塞涅卡还说过一句更深刻的格言："伟人既是脆弱的凡人，又是无畏的神人。"这是一句诗一样美的妙语。
>
> ——摘自《培根人生随笔·论逆境》

生活中有很多成功的人，但基本上可以分为两类：一类是顺境成功者，另一类是逆境成功者。顺境成功者，他们通常有良好的家庭条件，从小受到精心的栽培，沿着别人铺设好的康庄大道通往成功。逆境成功者，则往往生活条件艰苦，或者在成长过程中遭遇重大的挫折，但他们依靠自己的坚强意志和无畏的魄力，在一片荆棘中为自己开辟了成功之路。

顺境成功者往往令人羡慕，因为他们是上天的宠儿，拥有人人期盼的幸运。可是，每个人的出生都是不由自己选择的，如果我们没有得到上天的厚爱，被降生在艰苦的环境中，一味痴求命运的帮助是没用的。只有勇敢地与逆境展开殊死搏斗，拼尽全力战胜它，我们才有希望冲出逆境的困锁，扼住命运的咽喉，沐浴成功的阳光。有这样一个故事：

1965年，他出生在河南长垣县（现为长垣市）一个农民家庭。一生下来，命运就向他展示了残酷的一面，他先天脊柱变形，前弓后驼，而贫穷的家庭连他的温饱都无法保证，医治残疾更成了一种奢望。

1982年，17岁的他身高仅有1.55米，体重仅37公斤。那一年他高中毕业面临高考，成绩优秀的他自信满满，每天都要学习到深夜。家人看他如此投入，不忍心告诉他真相，一直到填报志愿的时候他才知道，因为身体残疾，没有一所大学会录取他。

得到消息的他痛苦不堪，他撕扯着自己的头发，一遍遍嘶吼着："我应该怎么办？应该怎么办？"

这样的痛苦一直持续了10年，他闭门不出度日如年，直到有一天，他看到了一本名为《我与地坛》的书。这是著名作家史铁生的作品。同为残疾人，他深深理解史铁生的痛苦，也被书中字里行间流露出的乐观向上的精神深深打动。看着为他奔忙的年迈父母，他决定与命运抗争。

1992年，他开始外出打工。虽然身体残疾，但由于头脑灵活，他很快找到一份推销员的工作，专门向医院推销医疗器械。在一次推销中，他无意中听说，当时气管导管比较紧俏，主要依赖国外进口，他突然萌生了生产这种器械的念头。

但一个身有残疾的农村青年想要做成在当时还属高技术的产品谈何容易？为学技术，他十多次上河北、下上海，七次骑着摩托车跑洛阳、郑州，向专家讨教。有一次，为了一个关键技术，他骑摩托车连夜赶往两百多公里外的洛阳。专家听了他的经历，感动得热泪盈眶，毫无保留地把自己掌握的技术全部传授给他。随后，他向乡亲们借了两万元钱开办了自己的工厂。

1995年，他的气管导管研制成功，当年便获得河南省技术成果奖，还填补了国内气管导管生产的空白。1996年，他注册了"驼人"牌商标。他说："这商标'驼'字小、'人'字大，我想告诉大家，残疾人照样可以干出一番事业，驼人也能顶天立地！"

铿锵有力的话语背后，是夜以继日的劳作。身为一名残疾人，他要付出比一个健康人多出十倍百倍的艰辛努力。

上苍是公平的，经过他的努力，2010年，驼人集团已拥有数百种医疗器械产品，生产的麻醉包和镇痛泵销量稳居全国首位，并且出口到印度、土耳其、韩国等十几个国家和地区。

他富了，但他没有忘记曾经的苦难。他说："创业富民、助残，让更多的乡亲们富裕起来，让更多的残疾人就业自立，是我的最大愿望。"

为造福乡亲，他把企业迁回家乡，安排了近2000人就业；为改善家乡落后面貌，他拿出400万元资助修路、架桥、建学校；为帮助残疾人，他花钱在媒体上刊登录用残疾人就业启事，接纳近400名残疾人就业，还建起方便舒适的残疾人公寓。

他的名字叫王国胜，驼人集团董事长，河南省残疾人福利基金会副会长，河南省政府"扶残助残慈善大使"，中国残联和中央国家机关青年联合会"爱心人士"。

奇迹出现在对逆境的征服中，王国胜便是征服了逆境、创造了奇迹的人。对于他来说，苦难也许正好是上天对他的恩赐，因为在克服困难的过程中，他拥有了一股永不服输的劲头，和一种超乎常人的坚强与不屈，而这些恰恰是人生最为宝贵的财富。

一帆风顺的人生往往显得平淡和单薄，充满与逆境斗争经历的人生才丰富而深厚。不管上天对我们的眷顾有多少，时时提醒自己忘记幸运，挑战逆境，如此得来的成功才值得人们敬佩，令人回味无穷。

困难是为了让你坚韧

> 幸运所需要的美德是节制，而逆境所需要的美德是坚韧，后者比前者更为难能。
>
> ——摘自《培根人生随笔·论逆境》

有一年，美国密歇根州遭到"荷兰榆树病"的袭击，大片的榆树染病枯萎死亡。只有位于密歇根州比拉镇附近的农场里，一棵高大、古老的榆树幸免于难。后来经过观察研究发现，是一根铁链救了这棵榆树。原来，农场的主人养了一头公牛，他用铁链把牛锁在了这棵榆树上。健壮的公牛经常拖着重重的铁链围着榆树奔跑，在树干上勒出沟痕。日复一日，年复一年，铁链便深深地嵌在了树皮中，和树干牢牢地长在了一起。榆树从生锈的铁链上吸收的大量铁质，使它对致病菌产生了很强的免疫力。

我们每个人也像树木一样，有可能遇到意料不到的致命打击。如果在这之前，我们曾经历过苦难，从中学会坚韧，变得更为健康与强壮，就像这棵幸运的榆树那样产生免疫力，我们就有能力去抵挡打击。否则就会像那些大片死亡的榆树那样，不堪一击。

这里有一个故事。一个18岁左右、衣衫褴褛的男孩，在华盛顿朗方广场地铁站口找了个合适的位置，他将一个废弃的垃圾桶当作桌子，把小提琴规规矩矩地摆在上面，刚被打开的旧琴盒放在脚边。

做完这些后，他仰起头肆意地享受着地铁站口洒下的几缕阳光。他的表演开始了，他计划着今天能有多少可观的收入，并且想着省下一顿午餐后，能够有一顿丰盛的晚餐，也许还可以买上一只香甜可口的鸡翅，不过这一切都取决于今天的收入情况。

陌生的路人，怀疑的眼神，从他的身边匆匆忙忙地闪过，狭窄的地铁站口响起悠扬的乐曲，与人们的咳嗽声、说话声掺杂在一起。在这里，几乎没有人在意他的存在。

不过，执法者在意，因为他实在有碍市容。一个戴着彩色礼帽的家伙要求他立即收拾家伙离开此地，因为有人检举此地有不雅音乐传播，极大地影响了华盛顿作为世界名都的风采。

他依旧故我，没动地方，已经穷到天不怕地不怕的地步了，任凭你东西南北风能奈我何？

执法者显然怒不可遏，他又采取其他措施试图撵走这个年轻人，但是他失败了，这个年轻人依然站在原地沉浸在自己的音乐世界中。执法者扬起了右手，一记耳光准准地掴在年轻人的脸庞上，音乐声戛然而止，年轻人的嘴角上沁出丝丝鲜血。

当音乐声再次响起时，执法者无奈地摇头离开了现场，他不服输地对年轻人吼道："明天，你必须离开这个地方！我还会来的，如果你还不走，我还会掴你耳光，如果你不走，我会每天送你一记耳光，直到你离开这个地方。"

也许是执法者粗鲁的行为惹了众怒，许多人围拢过来，有的好心人还将纸巾送给年轻人，让他擦去嘴角的鲜血。傍晚时分，终于有位老者注意到了他，静静地听了许久，眼角闪现出点点星光。

那一日，他听到了从未有过的赞赏。老者对他说："年轻人，你很有前途，你拉得很好，只是太稚嫩了。"

第二天上午，那位执法者准时出现在他的面前。他看到这个年轻人依然如此心无旁骛，简直是对自己尊严的一次严重挑衅，他扬起左手来，又将一记耳光深深地印在年轻人的脸上。这一次，年轻人的音乐声没有停下来，只是带了些许悲伤。

年轻人在这个地铁站口一共待了78天，也挨了执法者78记耳光。有人说执法者太残酷了，也有人说这是一种炒作，是为了帮年轻人成名。

但无论如何，两年后的一个春天，在波士顿交响乐厅举行的演奏会上，票价100美元的音乐厅内座无虚席。人们欣赏着这位意气风发的年轻人精彩绝伦的演出，有人说他是世界上最出色的小提琴家，他的演奏中有着浓郁的生活气息，很容易听懂。

《华盛顿邮报》评价这位当年受过78记耳光的年轻人：是耳光唤醒了他的聪明才智。

乔舒亚·贝尔，这个当时穷困潦倒的年轻人谈起自己的成功，不无感慨当年的耳光：开始时自己感觉委屈，后来便想着与执法者较劲，心思反而更加缜密，感受更加真切起来。灵魂被触痛的感觉，使自己一下子懂得了坚忍对生活的重要。

78记耳光，是乔舒亚·贝尔曾经经历的苦难，也是使他从幼稚变得成熟、从脆弱变得坚强的催化剂。

海明威曾说："生活总是让我们遍体鳞伤，但到后来，那些受伤的地方一定会变成我们最强壮的地方。"困难就像一块磨刀石，我们在坚强的忍耐之后，会发现自己的锋芒恰好是在那些被磨砺的地方。

曾经的困难或许正孕育着未来的希望，过去的创伤或许正是我们应对生存危机的力量。正确认识困难，理解困难，面对困难，我们的人生会在这番经历之后更加坚不可破，勇不可挡。

逆境中的成功更耀眼

> 最美的刺绣，是以明丽的花朵映衬于暗淡的背景，而绝不是以暗淡的花朵映衬于明丽的背景。从这图像中去汲取启示吧。
>
> 人的美德犹如名贵的檀香，通过烈火焚烧会散发出最浓郁的芳香。正如恶劣的品质将在幸福中呈露一样，最美好的品质也正是在逆境中被显示的。
>
> ——摘自《培根人生随笔·论逆境》

有没有想过，为什么焰火都要选择在晚上燃放？因为漆黑的夜幕是最好的背景，可以把焰火的绚烂衬托得最美丽清晰。当我们身处在困难的环境中时，我们何不把它设想为没有星光的夜晚，把自己设想为等待点燃的焰火，这样当我们把自己绽放的时候，我们的光芒就会成为夜空下唯一的风景。

八月里的一个下午，在莱克星顿的一个小农场里，西奥多·帕克怯生生地问他的父亲："爸爸，明天我可以休息一天吗？"西奥多的父亲是一位老实巴交的木匠，他制作的水车远近闻名。他惊讶地看了一眼最小的儿子，这可是活儿最忙的时候啊，小伙子少干一天，就可能影响他整个的工作计划。但是，西奥多企盼而坚决的目光让他不忍拒绝，要知道，西奥多平时可不是这样的。于是，他爽快地答应了这个要求。

第二天一早，西奥多早早地就起来了，赶了十英里崎岖泥泞的山路，匆匆来到哈佛学院，参加一年一度的新生入学考试。从八岁那年起，他就没有真正上过学，只有在冬天里比较清闲的时候，才能挤出三个月的时间认真地学习。而在其他的时间里，无论是耕田还是干别的农活，他都一遍一遍地默默背诵以前学过的课文，直到滚瓜烂熟为止。休息的时候，他还到处借阅书籍，因此汲取了大量的知识。有一本拉丁词典，是他迫切需要的，但无论如何想方设法也没借到手。于是，在一个夏天的早上，他早早跑到原野里，采摘了一大筐浆果，背到波士顿去卖，所得的钱正好换回了这本拉丁词典……

所谓功夫不负有心人，在哈佛的入学考试上，他得心应手地做完了试题。监考的老师惊奇地看着这个总是第一个交卷的考生，当他听说这是一个连学校都很少去的穷少年时，更加好奇地抽出他的试卷来察看，然后对西奥多说："祝贺你，小伙子，你很快会接到录取通知的。"

那天深夜，西奥多拖着疲惫的身体回到了家里。"好样的，孩子！"当父亲听到他通过考试的消息时，高兴地赞扬道。"但是，西奥多，我没有钱供你到哈佛读书啊！"西奥多说："没有关系，爸爸，我不会住到学校里去，我只在家里抽空自学，只要通过了考试，就可以获得学位证书。"后来，他真的成功地做到了这一点。当他长大成人以后，自己积攒了一笔学费，又在哈佛学习了两年，最终以优异的成绩毕业。

岁月流逝，时光推移，这个当年读不起书的小男孩，终于成了一代风云人物。作为一个著名的废奴运动倡导者和社会改革家，西奥多在整个美国的影响力是永远无法估量的。

美国的政坛上并不缺乏风云人物，但西奥多却能给人们留下深刻的印象，就是因为他从读不起书的小男孩成长为对国家有重大影响力的要员，就像是漆黑的夜空里突然绽放的焰火，给人们展示了震撼的清晰的美。反观其他出身上流社会的风云人物，家庭的光芒掩盖了他们自身的风采，就像大白天里燃放的焰火，留不下太深的印象，反惹来诸多批评。

生活的背景就像一张稿纸，它的颜色我们每个人都无法选择，但我们能选择自己的颜色。一帆风顺的境遇固然让人羡慕，但逆境中的不懈奋斗更令人敬佩。因为它折射出的坚强、勇敢、不屈、奋进、乐观、自信等美好品质，是任何时代、任何人都需要和推崇的。所以，当我们的背景不是那么光彩夺目时，我们应该感谢命运的安排，因为它给了我们一个绚烂绽放的机会。

知识改变人的命运

> 读史使人明智，读诗使人聪慧，演算使人精密，哲理使人深刻，道德使人高尚，逻辑修辞使人善辩。总之，"知识能塑造人的性格。"
>
> ——摘自《培根人生随笔·论读书》

培根说："知识能塑造人的性格。"我国古代也讲读书养性，朱子说："半日静坐半日读书。"很多人通过读书改变了自己的性格，就像古人讲的"温柔敦厚诗教也"。

那么，知识是怎样塑造人的性格呢？这是由具体知识的内容及其特点所决定的。在美国，有一个名叫"希尔塞心理咨询中心"的研究机构，经过多年的研究发现，读书与人的性格之间有着密不可分的内在联系。具体来说，有下列对应关系：喜欢读爱情小说的人一般较为感性，生性乐观，直觉敏锐，非常重感情。在遇到挫折时会心生感慨，不过很快就能从失望中恢复过来，东山再起。喜欢看武侠小说的人一般爱憎分明，敢爱敢恨，通常讨厌被束缚，喜欢自由自在的生活。他们有梦想有追求，希望自己有朝一日，能施展更大的抱负。喜欢读侦探小说的人一般头脑灵活，喜欢钻研。他们勇于接受现实中的挑战，善于解决各种各样的问题。别人都不敢尝试的难题，他们却会跃跃欲试。

我们常说：性格决定命运。知识能塑造人的性格，同样也能改变人的命运，影响人的人生方向。世界著名的大提琴演奏家马友友的故事就说明了这一点。

马友友因为天资聪颖，在音乐的道路上走得异常顺畅。他7岁开始正式拜师学琴，9岁就获得了茱莉亚音乐学院的奖学金，15岁时演奏舒伯特的《琶音琴奏鸣曲》便已经表现出大提琴家的台风与气度，令他的老师也深感折服，觉得自己已经无法再深入地教他琴艺了。

然而，音乐道路的过于顺畅，竟让少年马友友迷失了方向。他不知道自己究竟为什么要做这些，年轻的心因为迷茫而变得躁动不安。他开始表现得非常叛逆，不仅自暴自弃，还抽烟酗酒，沾染了许多恶习。

这时，马友友的老师史坦，一个在琴艺上没有什么可以再教给他的睿智音乐家，又在知识上给他上了深入的一课。在史坦老师的建议下，马友友进入哈佛大学学习人类学，在音乐之外接触到更多的知识。在哈佛大学，马友友还选修了社会学和德文、生物学，更潜心学习哲学。通过对这些知识的学习，马友友建立起内心的价值观，塑造起真正属于自己的个性，重新找到了方向。

当马友友重新回归到舞台上时，他已经是一个脱胎换骨的马友友。此时，他所诠释的音乐已经进入了另外一个境界，他的内心充满了对音乐的崇敬。

试想，如果马友友没有进入哈佛大学学习，他的命运也许将会是另外一番景象。培根说："正如身体上的缺陷，可以通过适当的运动来改善一样。例如打球有利于腰背，射箭可扩胸利肺，散步则有助于消化，骑术使人反应敏捷等等。同样，一个思维不集中的人，他可以研习数学，因为数学稍不仔细就会出错。缺乏分析判断力的人，他可以研习形而上学，因为这门学问最讲究烦琐辩证。不善于推理的人，可以研习法律案例。"

知识，塑造我们的性格，也改变着我们的命运。也许我们没有良好的家世，没有美丽的容貌，没有聪慧的头脑，但是我们可以通过读书培养一个好的性格。

知识对人的性格的塑造，是通过人的主观努力才能达到的。因此，我们应该积极地学习知识，通过求知来改善我们的性格。另外，知识对一个人的性格的塑造，不会是一朝一夕就能成功的，更不会是仅靠念一篇文章，读一本书就能实现的。我们若想通过知识来塑造良好的性格，就要坚持不断地积累，并且是多方面的积累。在全面而有效的知识积累的过程中，我们的眼界会更加高阔，我们的人生追求会更加高尚。

第二章

心态积极，烦恼不再

幸福是自己创造的

> 精神境界属于自我，是可以选择和控制的，而不像生理、肉体的结构，是只能受之于自然。
>
> ——摘自《培根人生随笔·论残疾人》

生活中，有的人整天闷闷不乐，有的人却能总是笑口常开；有的人仿佛掉进了苦水潭里，有的人却好像生活在蜜罐之中。对比这两种人的生活有什么不同，会发现他们的物质生活可能没有太大差别，但他们的内心境界却有着地狱与天堂的距离。有句俗话说："心中有佛看到的便是佛，心中有屎看到的便是屎。"同样的，我们的心里如果像天堂一般美好，我们的感受就会像生活在天堂中那么美好；如果我们的心里像地狱一般痛苦，那么生活就会倒映出地狱的痛苦。

有个成语叫"相由心生"，这不仅是指我们的气质容貌能够因为心境而改变，也指我们看到的世间万象会随着心情的变化而呈现丰富的"七情六欲"。事实上，天堂不是上帝创造的乐园，而是我们的好心情制造出来的完美影像。

有段时间瓦柳卡曾极度痛苦，几乎不能自拔，以至于想到了死。那是在安德鲁沙出国后不久。瓦柳卡知道，他永远不会回来了。一天，瓦柳卡路过一家半地下室式的菜店，见一个美丽无比的妇人正踏着台阶上来——太美了，简直是拉斐尔《圣母像》的再版！瓦柳卡不知不觉放慢了脚步，凝视着她的脸。因为起初瓦柳卡只能看到她的脸。但当她走出来时，瓦柳卡才发现她矮得像个侏儒，而且还驼背。瓦柳卡耷拉下眼皮，快步走开了。她羞愧万分……她对自己说，你四肢发育正常，身体健康，长相也不错，怎么能整天这样垂头丧气呢？

打起精神来！像刚才那位可怜的人才是真正不幸的人……瓦柳卡就是这样学会了不让自己自怨自艾。

而如何使自己幸福愉快却是从一位老太太那儿学来的。那次事件以后，瓦柳卡很快又陷入了烦恼，但这次她知道如何克服这种情绪。于是，她便去夏日乐园漫步散心。她顺便带了件快要完工的刺绣桌布，免得空手坐在那里无所事事。瓦柳卡穿上一件极简单、朴素的连衣裙，把头发在脑后随便梳了一条大辫子——又不是去参加舞会，只不过去散散心而已。

瓦柳卡来到公园，找个空位子坐下，便飞针走线地绣起花儿来。一边绣，一边告诫自己："打起精神！平静下来！要知道，你并没有什么不幸。"这样一想，确实平静了许多，于是就准备回家。恰在这时，坐在对面的一个老太太起身朝瓦柳卡走来。

"如果你不急着走的话，"她说，"我可以坐在这儿跟你聊聊吗？"

"当然可以！"

她在瓦柳卡身边坐下，面带微笑地望着瓦柳卡说："知道吗，我看了您好长时间了，真觉得是一种享受。现在像您这样的可真不多见。"

"什么不多见？"

"您这一切！在现代化的市中心，忽然看到一位梳长辫子的俊秀姑娘，穿一身朴素的白麻布裙子，坐在这儿绣花！简直想象不出这是多么美好的景象！我要把它珍藏在我的幸福篮子里。"

"什么，幸福篮子？"

"这是个秘密！不过我还是想告诉您。您希望自己幸福吗？"

"当然了，谁不愿自己幸福呀。"

"谁都愿意幸福，但并不是所有的人都懂得怎样才能幸福。我教给您吧，算是对您的奖赏。孩子，幸福并不是成功、运气，甚至爱情。您这么年轻，也许会以为爱就是幸福。不是的。幸福就是那些快乐的时刻，一颗宁静的心对着什么人或什么东西发出的微笑。我坐在椅子上，看到对面一位漂亮姑娘在聚精会神地绣花儿，我的心就向您微笑了。我已把这一时刻记录下来，为了以后一遍遍地回忆。我把它装进我的幸福之篮里了。这样，每当我难过时，我就打开篮子，将里面的珍品细细品味一遍，其中会有个我取名为'白衣姑娘在夏日乐园刺绣'的时刻。想到它，此情此景便会立即重现，我就会看到，在深绿的树叶与洁白的雕塑的衬托下，一位姑娘正在聚精会神地绣花。我就会想起阳光透过树的枝叶洒在您的衣裙上；您的辫子从椅子后面垂下来，几乎拖到地上；您的凉鞋有点磨脚，您就脱下凉鞋，赤着脚；脚趾头还朝里弯着，因为地面有点凉。我也许还会想起更多，一些此时我还没有想到的细节。"

"太奇妙了！"瓦柳卡惊呼起来，"一只装满幸福时刻的篮子！您一生都在收集幸福吗？"

"自从一位智者教我这样做以后。您知道他，您一定读过他的作品。他就是阿列克桑德拉·格林。我们是老朋友，是他亲口告诉我的。在他写的许多故事中也都能看到这个意思。遗忘生活中丑恶的东西，而把美好的东西永远保留在记忆中。但这样的记忆需经过训练才行。所以我就发明了这个心中的幸福之篮。"

瓦柳卡谢了这位老妇人，朝家走去。路上她开始回忆童年以来的幸福时刻。回到家时，她的幸福之篮里已经有了第一批珍品。

我们每个人手里都有这样一个可以装满幸福的篮子。只不过有的人的篮子里是满的，而有的人的篮子里却是空的。其实，生活中的幸福随处可见，只要我们给自己戴上一副乐观的眼镜，善于去发现、珍惜生活中点点滴滴的感动，这只篮子里的幸福一定会装满的。因为心情好世界就美妙，因为幸福不是别人给予的，而是我们自己去创造的。

心中有阳光，世界就晴朗

只要人心中有明亮的太阳，它的光明就可以压倒那些决定脾气的星辰。

——摘自《培根人生随笔·论残疾人》

生病，是我们每个普通人都必然会经历的。生病的时候，我们会感受到生理上的痛苦，精神也随之受影响，变得萎靡。然而，生理上的病痛我们不一定有能力去调理，但精神上的不振却可以想办法去克服。积极地想一些开心的事情，会让萎蔫的思想变得有生机；给自己设定追求的目标，会让颓丧的思想充满激情和斗志。我们的内心就像大自然的天空，疾病会夺走它的生机与活力，变得黑暗，但如果我们为它注入阳光，一切就会变得明亮，生机会重现大地。

几年前，胡涛生了一场大病，在医院里住了三个多月。病房里有四张病床，他和一个小男孩占据了靠窗的那两张，另外两张床，有一张属于那个姑娘。

姑娘脸色苍白，很少说话，长时间地闭着眼睛——只是闭着眼睛，不可能是睡着。她身体越来越差，刚来的时候还能扶着墙壁走几步，后来只能躺在床上了。

那姑娘是外省人，父母离异了，她随母亲来到这个城市，想不到一场突然变故令母亲永远离开了她。她正用母亲留下来的不多的积蓄，延续年轻却垂暮的生命。一次，胡涛去医护办公室，听到护士们谈论她的病情。护士长说，治不好了。

小男孩也生着病，但非常活泼好动，常常缠着胡涛，要胡涛给他讲故事，声音喊得很大。每当这时，胡涛总是偷偷瞅那姑娘一眼，也总是发现她眉头紧锁。显然，她不喜欢病房里闹出任何声音。

小男孩的父母天天来，给儿子带好吃的，带图书和变形金刚。小男孩大大方方地把这些东西分给大家，并不识时务地也给姑娘一份。如果姑娘闭着眼睛假装睡着，他就把东西堆放在她的床头。

一次，胡涛去医院外面买报纸，看见小男孩的父亲抱着头蹲在路边哭。胡涛一连问了他好几遍，他才说儿子患上绝症，大夫说他儿子活不过这个冬天。

一个病房里摆着四张病床，躺着四个病人，却有两个病人即将死去，并且都是花一样的年龄！胡涛心情十分压抑。

一切都是从那个下午开始改变的。

小男孩又一次抱着一堆东西送到姑娘的床头。姑娘心情好一些了，正在听收音机里的音乐节目。她对小男孩说："谢谢"，还对小男孩笑了笑。小男孩得意忘形，赖在姑娘的床前不肯走。

小男孩说，姐姐，你笑起来很好看。

姑娘没有说话，再次冲小男孩笑了笑。

小男孩问，你的脸为什么那么苍白？

姑娘说，因为没有阳光。

小男孩想了想，很认真地说，我们把病床调换一下吧，这样你就能晒到太阳了。

姑娘说，这可不行，你也得晒太阳。

小男孩仔细地想了想，拍拍脑袋认真地说，有了！我让阳光拐个弯吧！

所有的人都认为小男孩在开他那个年龄所特有的不负责任的玩笑，包括胡涛。他想，也应该包括那姑娘。可是，小男孩真的让阳光拐了个弯。

小男孩找来一面镜子，放到窗台上，不断地调整角度，试图让阳光反射到姑娘的病床上，不过没有成功。胡涛以为他要放弃的时候，他再找出一面镜子接着试。午后的阳光经过两面镜子的反射，终于照在姑娘脸上。胡涛看到，姑娘的脸庞在那一刻如花般绽放。

从那以后，小男孩起床后做的第一件事，就是仔仔细细地擦拭那两面镜子，然后调整角度，将清晨的第一缕阳光洒在姑娘的病床上；而此时，姑娘早就在等待阳光了，她浅笑着，有时将阳光捧在手上，有时把阳光涂在额头。她给小男孩讲玫瑰和蜗牛的故事，给他折小青蛙和千纸鹤。慢慢地，姑娘的脸不再苍白，有了阳光的颜色。

医生的脸上开始出现惊愕的表情。每天，医生为他们检查完身体都会惊喜地说：又好些了！是的，小男孩与姑娘的身体都在康复。这是奇迹！

胡涛出院的时候，姑娘已经可以下地行走了，她和小男孩手牵手一起送胡涛。两人的脸庞沐浴在金色的阳光下，那是两张快乐并健康的脸。

几年后，胡涛见过那姑娘。她说，她每天都在感谢那个善意的玩笑，是那个小男孩和那缕阳光救活了她，那段日子每天睡觉前，她都要想，明天要早早醒来，迎接小男孩送给她的清晨第一缕阳光。她说，她不想让天真、善良的小男孩在某一天突然见不到她。她说，那段日子一直有一缕阳光照在她的心里，给她温暖和希望。

世界上最害怕缺乏阳光的地方，不是病房，而是我们的内心。一个心里没有阳光的人，他的世界是黑暗没有生机的；而一个人的心里哪怕只有一丝阳光照耀，都可能使生命得到滋养，使人生得到改变。

不管是在什么时候，保住心中的阳光，我们就有希望看到蓬勃的生命，看到晴朗的天空。

过去的事就让它过去

> 其实，报复的目的无非只是为了同冒犯你的人扯平。然而如果有度量宽谅别人的冒犯，就使你高于冒犯者了。这种大度容人是君子之道。据说所罗门曾说："不报宿怨乃是人的光荣。"过去的事情毕竟过去了，是不能再挽回的。智者总是着眼于现在和未来，念念不忘旧怨只能使人枉费心力。
>
> ——摘自《培根人生随笔·论报复》

报复是一种不健康的心理状态。当我们恨我们的仇人时，就等于给了他们制胜的力量。而这种力量会让我们自己寝食难安、魂不守舍、心烦意乱。而报复别人也必将在自己的心上留下污点和阴影，那是良心和善良的本性提出的警告。

世上最大的伤害莫过于我们对曾经有过的伤害牢记不忘。当我们再一次记起曾经遇到过的伤害或磨难，这等于我们又受到了一次伤害。倘若我们用积极的记忆去替代那些消极的记忆，这样的伤害就会逐渐痊愈。

西班牙内战期间，一支部队在森林中与敌军相遇，激战后两名战士与部队失去了联系。这两名战士来自同一个小镇。

两人在森林中艰难跋涉，他们互相鼓励、互相安慰。十多天过去了，他们仍未与部队联系上。这一天，他们打死了一只鹿，依靠鹿肉又艰难度过了几天。可也许是战争使动物四散奔逃或被杀光，这以后他们再也没看到过任何动物。他们仅剩下的一点鹿肉，背在年轻战士的身上。这一天，他们在森林中又一次与敌人相遇，经过再一次激战，他们巧妙地避开了敌人。就在自以为已经安全时，只听一声枪响，走在前面的年轻战士中了一枪——幸亏伤在肩膀上！

后面的士兵惶恐地跑了过来，他害怕得语无伦次，抱着战友的身体泪流不止，并赶快把自己的衬衣撕下包扎战友的伤口。

晚上，未受伤的士兵一直念叨着母亲的名字，两眼直勾勾的。他们都以为他们熬不过这一关了，尽管饥饿难忍，可他们谁也没动身边的鹿肉。天知道他们是怎么度过那一夜的。第二天，部队救出了他们。

事隔30年，那位受伤的战士迈克说："我知道谁开的那一枪，他就是我的战友。在他抱住我时，我碰到他发热的枪管。我怎么也不明白，他为什么对我开枪？但当晚我就宽恕了他。我知道他想独吞我身上的鹿肉，我也知道他想为了母亲而活下来。此后30年，我假装根本不知道此事，也从不提及。战争太残酷了，他母亲还是没有等到他回来，我和他一起祭奠了老人家。那一天，他跪下来，请求我原谅他，我没让他说下去。我们又做了几十年的朋友，我宽恕了他。"

我们在生活中不免会遇到冒犯的人，如果与他针锋相对，我们也就与他一样，沦为伤害别人的人。常怀宽恕之心，原谅冒犯自己的人，让过去的事真的成为过去，这种大度容人的风范会令冒犯者自感羞愧，令旁观者为之钦服而追随。

很多年前，有一个来自台湾地区的年轻人到非洲的一个小镇做义工。他设法从台湾运来机械，并教会当地学生如何使用。他尽力让自己的生活与当地人一样，但大家仍然知道他是那里最富有的人，他有计算机，有手机、电子照相机，他也捐了好多视听器材给学校，这些器材都是当地学校买不起的。

当地治安不好，校长担心他会被抢，就叫他住进学校里去。可是，有一天，还是有歹徒进入了他住的地方，洗劫一空，还杀害了他，直到第二天早上才被发现，警察来了，也查不出所以然来。小镇居民悲伤至极，想不到抢匪居然会杀害如此善良的人。

年轻人的家属来了。出乎人们意料，家属似乎对此事早有预感，虽然非常难过，他的父母仍很镇静地参加了安葬仪式。小镇上的人都来了。年轻人的爸爸向大家讲话，他说他的儿子在一个多月以前就有一点奇怪的感觉，认为可能会有人要来抢他的财物，而且他也极有可能丧失生命，所以他写了一封信给父母，请他们有所准备，万一他在非洲去世，他们一定要原谅杀害他的人，他们如果不是如此贫困，绝对不会沦为盗匪的。

年轻人除了要求他的父母心中不要有仇恨以外，还要求他们做一件事，他认为非洲最缺乏的基础建设是灌溉系统，希望父亲能够出一笔钱来替这个小镇建造一个灌溉系统。他跟小镇的官员谈过，但是一直苦于没有经费；他也希望父亲替小镇种植一片防风林，以防止小镇的沙漠化。

这位悲痛的父亲最后承诺，一定会完成儿子的遗愿。而最令大家吃惊的是，他还展示了一幅中国的字画，上面写了两个中国字，小镇的居民完全看不懂。他解释说，这两个字是"宽恕"，他要将这一幅字送给儿子服务的学校。

这幅字后来一直挂在校长室里面，但是大家都不会念。后来有一位老师说，我们就用K.s.来念这两个字吧。从此，这所高中改名为K.s.高中，而这所高中所在的街道也改名为K.s.街，小镇唯一的诊所改名为K.s.诊所……

小镇居民并不知道年轻人何时出生，但是都记得他是哪一天去世的。每年的这一天，这片青草地上放满了花。

一个人的最高成就，莫过于其精神和品格被人们永远怀念。年轻人对歹徒的宽恕，正是让自己达到了这个境界。

宽恕别人所不能宽恕的，是一种大智慧，只有领悟了宽恕之道，你才能真正地不被烦恼所侵扰，不为仇恨所伤害。

忘掉仇恨，伤口愈合更快

> 一个念念不忘旧仇的人，他的伤口将永远难以愈合，尽管那本来还是可以痊愈的。
>
> ——摘自《培根人生随笔·论报复》

如果我们被人伤害了，就选择记恨，以为这样可以报复对方，让自己过得开心些，那么我们就错了。记恨一个人，必然要时常提醒自己对方曾经伤害过我们的事，那样就是让自己接受多次伤害，让自己更加痛苦。而且，每个人的心都是有一定容量的，记恨一个人，我们就要把这份仇恨装在心里，占据一定的空间，如此一来，即使生活中有很多快乐，我们内心也没有地方去装载，我们将会错过许多幸福。为了我们记恨的人而错过许多幸福，这当然是非常不值得的事。

20年前，父亲遗留给她们母女的房子拆迁了，母亲因为工作忙的关系就叫她的四妹——她的四姨拿着户口本去街道办理有关手续。哪里知道，四姨却偷梁换柱，把户口本上的名字给改了。本来即将有一套新房子的她们，一夜之间便无立足之地了。

那时候她还小，可她清楚地看到了母亲的痛苦：青年丧夫的痛苦，失去安身之所的痛苦，姐妹背叛的痛苦，还有对未来茫然的痛苦。她记得母亲抱着她，在大街上失声痛哭的悲惨。

这件事的最后结果，是她们的房子变成了四姨的新房，她不明白当时的母亲是怎么处理的，只知道，母亲在诉讼的最后一刻放弃了诉讼。

岁月如梭，当年小小的她也成了母亲。而母亲凭借不屈服于苦难的个性，成了一名颇为成功的商人。而她的四姨一直不顺，不久前又成了下岗职工。

一个偶然的机会，她知道了母亲从钱到物一直没有放弃对四姨的帮助。她愤怒了，不追究当年四姨的残忍已经是网开一面了，怎么可以对一个那么没有人性的人这么好？她跟母亲大吵了起来。

"那么你想怎么样呢？"母亲也火了。

"至少不应该帮助她。"

"她是母亲的亲姐妹啊！"

"她伤害我们的时候有没有考虑过这些？"

"倘若我们睚眦必报，不就和她一样了吗？何况她已经悔改了，生活给了她太多的磨难，难道我们还要继续惩罚她吗？谁能没有过错呢？"

母亲的话，让她忽然想起了这样一个故事：从前，有一个美丽的妓女，谎话连篇，被判处用石块砸死。基督对广场中愤怒的民众说——请你们当中哪一位从来没有说过谎话的人，丢出第一块石头吧！结果没人能丢出第一块石头。而那位妓女感动于基督的宽恕，终于悔改，成为一名女圣徒。她想，基督和那名妓女非亲非故，尚且引导她弃恶扬善，母亲和四姨是亲姐妹，怎么可以不引导四姨，不救她呢？何况四姨近年来都在努力地弥补自己的罪过呢！

她沉默了。她不再反对母亲帮助四姨了。母亲用自己的言行告诉她：面对亲人的伤害，我们只能选择宽恕。

事情虽然过去了20年，但再提起时，她依然感到愤怒和痛苦，这便是不懂得宽容给生活带来的伤害，而这种伤害是我们自己给自己造成的。人孰无过，知错能改，善莫大焉。宽容他人，给别人机会改过，我们就不会逼迫自己总是面对别人丑陋的一面，而是有机会寻找别人美好的一面来装饰我们的世界。

生活本来就不是宽阔平坦的大道，偶尔被荆棘刺到，被石头绊倒，如果停下来跟它们较劲，只会让伤口变得更大，让疼痛变得更严重，让行程被耽搁。放下仇恨，振作起来继续前行，当我们到达某个高点再回望时，说不定会看到荆棘和石头也有美丽的一面，点缀着眼前的风景。

不要让愤怒持续一天

斯多葛派哲学家主张人应该杜绝愤怒，但这是不可能的。对此我们有一种更好的见解，这就是神的那一告诫："可以激动，但不可犯罪。可以愤怒，但不可含愤终日。"也就是说，对愤怒必须从程度和时间两方面加以节制。

——摘自《培根人生随笔·论愤怒》

当我们遇到不平的事情时，感到愤怒是正常的。愤怒代表了我们的立场和意见，是情绪得不到宣泄时冲撞出来的火花，就像江水冲击礁石产生的浪。

不过，就如江水撞击礁石会破碎成万千水滴那样，我们放任情绪在不平的事情上爆发，也会让自己的感受碎裂成无法修补的残片。过度的愤怒，往往都会导致自己受伤甚至毁灭，所以，学会控制自己的愤怒情绪，是我们保护自己的一项必要措施。

想要管理自己的愤怒情绪，首先应该控制愤怒的程度，不要总是拿着高射炮去打蚊子，对一点点儿小事就过度生气发火。要知道人与人互动时的情绪反应，就像山谷对声音的回应，我们越激烈，对方也会变得更加激烈，到最后陷入无法调和的地步。

2003年11月，西北民族大学的三名大学生把一个路人活活打死，起因是路人无意中碰撞了他们。三名大学生在一件小事上"愤怒"起来，便不顾后果，大打出手，以致将对方置于死地。为此，舆论界一片哗然：为一件小事，正受着高等教育的大学生居然"愤怒"到如此地步，真是不可思议！

这三名大学生事后都非常后悔自己的过激行为，可是世界上什么都有，就是没有后悔药可卖，他们必须为自己做过的事情承担责任。可见超越了限度的愤怒，伤害的不仅是别人，也包括自己。

要管理愤怒情绪，还要控制愤怒的时间。常识告诉我们，一种过激的情绪通常是不会持续太长时间的，就像暴雨总是骤来骤去，不会像细雨那样绵绵不绝。可是，如果我们为了愤怒而愤怒，一再提醒自己要继续愤怒下去，那么愤怒这种激烈的情绪也可能会持续很长时间，而这样的情况是非常不好的。

从前有一个名字叫亚瑟的男孩儿，一天晚上他想看西部牛仔的影片，所以不肯睡觉。"不行，"妈妈说，"太晚了，去睡觉。"亚瑟说道："你要我睡我就生气！"然后妈妈说："那你就生气吧！"

于是亚瑟就真的生气了，而且气得特别厉害。妈妈说："够了够了。"可是还不行。亚瑟的气像强劲的旋风掀走了屋顶、烟囱，还有教堂的尖塔。爸爸说："够了够了。"可是还是不行。亚瑟的气转为台风，把整个城市扫进大海里面。后来爷爷又说："够了够了。"可是还是没有够。

亚瑟的生气引起了地球一阵颤动，这使地球的表面裂开，就像是被巨人敲破的蛋壳一样。然后奶奶又说："够了够了。"但是还是没有够。

然后亚瑟的气就变成了一场宇宙震。地球、月球、大大小小的恒星还有行星，亚瑟的国家、街道、城市与他的家、庭院、卧室，到最终就只剩下了小小的碎片，在太空中漂浮。亚瑟就坐在火星的碎片上想，想了又想，他问自己："我为何要发这么大的火？"他已经想不起来了。

故事虽然夸张了些，但故事说明的道理却需要我们深思：不能在恰当的时间里叫停自己的愤怒，我们就会像亚瑟这样，连自己为什么愤怒都忘了，还浪费时间和精力去做那些毫无意义的事。

生活中我们容易生气发怒，往往是因为我们把许多不必要计较的东西放进了心里，使自己的心态失去了平衡。所以，如果能拒绝这些东西的入侵，或者不得不放这些东西进去后，及时把它们放出来，那么愤怒的情绪就不会那么轻易地控制我们了。

有两个和尚要过河，在河边看到一个女子望着脚下的流水发愁。这时，其中A和尚便走向前去，对那个女子说："别发愁，我背你过去吧。"然后他就把那个女子背过了河。那个女子说了一些感激的话后就走了。那女子走了以后，这两个和尚继续赶路。过了很久，那个没背女子过河的B和尚特别不满意地对A和尚说："你这个人太不像话了，佛门弟子不近女色，这也是咱们出家人最基本的一戒，你难道不知道吗？但是你倒好，竟然把她背过一条河！你原来是一个花和尚啊！"A和尚听了特别诧异，说："你怎么可以这样说呀，我早就把她放下了，但是你还没有放下呀！"

在人生的旅途中，成败得失、功名利禄、恩恩怨怨、是是非非时时刻刻伴随着我们。如果我们凡事都去计较，把一些伤心的话、烦恼的事情、无聊的事情牢记在心中，回放在脑际，也就等于背上了沉重的包袱和无形的枷锁，活得又苦又累。其实，放平心态，对每一件事情都做到拎得起、放得下，这样我们才能远离愤怒，远离烦恼，达到生活的最高境界。

忍一忍，风平浪静

> 塞涅卡说：怒气有如重物，将破碎于它所坠落之处。《圣经》则教导我们："忍耐使灵魂宁静。"无论是谁，假如丧失忍耐，也将丧失灵魂。人决不可像蜜蜂那样，"把整个生命拼于对敌手的一螫中"。
>
> ——摘自《培根人生随笔·论愤怒》

被激怒的时候，能忍住冲动不发脾气是很可贵的。不管是在电视里还是在生活中，我们经常能看到一些被激怒的人，他们要么口不择言地说出更加伤人的话，抖出自己也不想让别人知道的秘密，要么被情绪所控制，摔东西泄怒，甚至打人泄恨，结果造成经济损失，或者惹上官司，陷自己于更糟的境地。其实他们若能在冲动的时候忍住，问题很可能会大事化小、小事化了，得到一个皆大欢喜的结果。

冲动并不仅仅是在被激怒的时候会出现，反而我们经常是因为冲动，才挑起与别人对峙的怒火。如果能在问题还很小的时候，忍住冲动，选择温和的方式，而不是用激烈的手段去解决，事情的结局往往是温馨的。

一次上班迟到被经理逮住了，他辩解说，道路整修，堵车。经理说，知道堵车为什么不早点走？他说，早晨起来要洗脸吃饭，怎么可能走得早呢？经理说，为什么不早点起床？他说，晚上公司加班加到那么晚，怎么可能早起床？经理说，那为什么不提高工作效率，还非要加班浪费公司的电费？他有点恼怒，说，不就迟到了五分钟吗？有什么大不了的。经理嗓门更大，这不是迟到几分钟的事，是严重违反劳动纪律。争论的结果是，他丢掉了当月的奖金。

　　他气愤地收拾东西要辞职，一位曾目睹全过程的清洁工过来劝他，说："本来不是什么大不了的事，认个错就行了，可你却非要一次次辩解，弄得经理不跟你辩论的话就占不到上风，结果就把简单的迟到问题，愣是给提升到了违纪的高度了。"

　　说出去的话泼出去的水，他一时面子上拉不下来，还是辞职了，但那位清洁工的话却一直记在心里。他设想过很多次当初的情景：如果很诚恳地道歉：对不起，我迟到了。经理很大度地笑笑，说，路上堵车是不是啊？他说，堵车不是借口，如果我能早点起床就好了。经理说，也不怪你，昨天晚上我听说你加班回家挺晚的，早晨当然起不来了。他说，其实工作时间抓紧点，也完全可以避免加班的。经理笑嘻嘻地说，其实你在工作时间已经干得很好了……如果自己能主动认错的话，说不定还能够一步步地引导经理认识到自己的优秀，给自己加薪呢。

　　俗话说，退一步海阔天空。忍让，并不是让我们放弃原则，忍受别人的无理，而是让我们采取温和的方式，引导对方也用温和的态度来共同解决矛盾。

憨傻一点儿没什么不好

> 意大利人在评论真正聪明的人时，除了夸赞他别的优点外，有时会说他表面上带一点"傻"气。是的，有一点傻气，但并不是呆气，再没有比这对人更幸运的了。
>
> ——摘自《培根人生随笔·论幸运》

说一个聪明人带一点儿傻气，往往是说他死心眼，认准了一个道理就不放松。事实上，这样的"傻"并没有什么不好。当一个人傻傻地坚持诚实时，他同时也获得了别人的肯定；当一个人傻傻地坚持责任时，他同时也获得了别人的信赖；当一个人傻傻地坚持善良时，他同时也获得了别人的爱。

傻人正因为傻，那种憨憨的样子，让人感觉到发自内心的真诚和友好。

一个国王要在三个儿子中选一个王位继承人。他给三兄弟每人发了一把瓜子，看谁种出的瓜最好，他就选谁。瓜子拿回去，三人都种上了。到了约定时间，三兄弟端着自己的瓜秧去见父王。国王看见老大、老二的都长得好，只有老三的盆里什么也没长出来。结果出乎所有人的预料：国王把王位传给了老三。

答案很简单，三把瓜子都是故意炒熟了的！国王要考验他儿子们的不是本领，而是做人是不是诚实。

傻，很多时候意味着执着和忠贞，也意味着宽厚和诚实。所以傻人无意中得到的，可能比聪明人费尽心思得到的还多。

杰克天性笨拙，这一点在他大学毕业时，导师威尔先生就早有评价，他说杰克是一个勤奋的人。威尔先生最欣赏的一句话就是"勤能补拙"。他评价一个人勤奋往往就暗示了这个人可能是笨拙的，因为他常常说，勤奋的品质是上帝给笨拙的人的一种补偿。杰克相信自己就是得到上帝这种补偿最多的人。

就在大学毕业这一年，杰克接受威尔先生推荐到安东律师事务所应试。这是伦敦最著名的一家律师事务所，以严格、准确和讲求实效而著称。

来应试的人很多，他们个个看起来都很精明。杰克努力让自己面带微笑，用眼睛去捕捉监考人员的眼神。无疑，给他们留下机灵的印象，对杰克的录用会大有帮助。但这一切都毫无用处，他们个个表情严肃，忙着把一大堆资料分发给应试的人，甚至不多说一句话。

这些资料是很多庞杂的原始记录和相关案例及法规，要求他们在适当的时间里整理出一份尽可能详尽的案情报告，其中包括对原始记录的分析，对相关案例的有效引证，以及对相关法规的解释和运用。这是一种很枯燥的工作，需要耐心和细致。杰克记得，威尔先生曾经详细讲解过从事这种工作所需的规则，并且指出，这种工作是一个优秀律师必须出色完成的。

杰克周围的人看起来都很自信，他们很快就投入到起草报告的工作中去了；杰克却在翻阅这些材料时陷了进去。在他看来，原始记录一片混乱，并且与某些案例和法规毫无关联，需要首先把它们一一甄别，然后才能正式起草报告。时间在一分钟一分钟地流逝，杰克的工作进展得十分缓慢，他不知道要求中所说的"适当的时间"到底指一个小时还是两个小时。杰克发现自己完成报告可能至少需要一个紧张的晚上。可是周围已有人完成报告交卷了，他们与监考人员轻声的交谈声几乎使杰克陷入了绝望。越来越多的人交卷了，他们聚集在门外，等待所有的人都完成考试后听取事务所方面关于下一步考试的安排。当时杰克也认为安东事务所的考试不会只有一项。他们一起议论考试的嗡嗡声促使屋子里剩下的人都加快了速度。只有杰克，脑子里一遍又一遍地想着母亲的忠告：要学得聪明些。可杰克怎么才能聪明些？

终于，屋子里只剩下杰克一个人在面对着只完成了三分之一的报告发呆。一个秃顶男人走过来，拿起他的报告看了一会儿，然后告诉杰克：你可以把材料拿回去继续写完它。

杰克抱着一大堆材料走到那一群人中间。他们看着杰克，眼睛里含着嘲讽的笑意。杰克知道在他们看来，自己是一个要把材料抱回家去完成的十足的傻瓜。

安东事务所的考试只有这一项，这一点出乎所有人的意料。第二天，秃顶男人接待了杰克，他自我介绍说是尼克·安东，事务所的主持人。他仔细翻阅了杰克的报告，然后又询问了杰克的身体状况和家庭情况。这段时间里，杰克窘迫得不知所措，回答他的问话显得语无伦次。但在最后，他站起来向杰克伸出手，说："祝贺你，年轻人，你是唯一被录取的人，我们不需要聪明的提纲，而是尽可能详细的报告。"

杰克的成功，不是因为学会了世俗的聪明，而是因为他傻傻地坚持了踏实的生活态度。当社会上人人都在追求急功近利，个个都在寻找成功的捷径时，踏实地工作，真诚地生活的人，显得那么难能可贵，所以更让有识之士欣赏。

我国有句成语叫"大智若愚"，也许我们可以换个角度去理解，拥有大智慧的人，其实反衬了其他人的"愚"。因为真正聪明的人，不会舍本逐末地去追求那些表面的利益，而是紧紧守住人世间最宝贵的财富，那就是人的本真——纯洁、真诚、善良。所以说，憨傻一点儿没什么不好。

不要让财富成为包袱

> 我把财富看作德行的累赘，除此之外，再也没有更合适的词来形容它。在拉丁语中，财富与辎重、行李、包袱是同一个字。这一点值得深思。
>
> ——摘自《培根人生随笔·论财富》

在很多人的眼里，财富当然是越多越好，不管是金钱还是物质，能抓在手上的，都没有人会不要，已经抓在手上的，更加不会有人傻得丢掉。可是，如果我们已经累得连走路的力气都快没有了，却还舍不得放下沉重的黄金珠宝，那样的一个代价是否值得呢？

拥有财富是好事，但如果这笔财富不是我们负担得起的，就会成为麻烦。这时，倒不如把它送给别人，这样不仅减少了不必要的负担，还能为我们赢得好名声。

10岁的时候，李源和父亲推着板车去镇上卖西瓜，西瓜刚推到镇上，还没有卖出，天空中霎时就阴云密布，要下雨了。过往的人们纷纷往回赶，再也没人来买西瓜了。李源沮丧得很，西瓜卖不出去了，还要推回去。

这时，父亲说："我们可以把瓜免费送人。"于是父亲带着李源来到沿街的门市，拿西瓜免费送人，人家纷纷用诧异的目光看着他。父亲说："要下雨了，西瓜不好卖，分给大家吃啦。"有人说："那你不是亏了吗？我拿钱给你。"

父亲摆摆手说："不用了，西瓜送给你们，我还赚个轻松，要是留着，推回去，明天不新鲜，又不好卖了。"

那天，他们一无所获地回去了。可是后来，他们再来镇上，西瓜总是第一个卖完。因为他们那次送人家西瓜，人家记着他们的好，也因为父亲的话，大家也都相信他们的西瓜最新鲜。

多年之后，李源拥有了一家食品公司，他牢牢记得父亲当年卖西瓜的事。

金融危机爆发了，经济形势十分严峻，李源的工厂也被迫停产了，产品积压在仓库里卖不出去。他召集工人们开会，说："现在工厂停产了，我把工资都结给你们，另外每个人都可以挑上自己喜欢的食品带回家。"

那些食品平日多是出口的，价格不菲。工人们乐得不行，大包小包地挑着带回家。工人们带走的毕竟是少数，李源又免费把自己的食品送给附近的居民，送给多个商店和超市。

后来，金融危机过去，市场复苏了，而李源的公司订单更是出奇的多。当时好多工厂都遭遇用工荒，招不到人。而他的公司，工人们蜂拥着前来报名，有老工人，也有慕名而来的新工人。因为他的免费赠送，让更多的人知道了李源和他的公司。他立即投入生产，并扩大生产规模……

遇到危机时，死守着财富只会导致一个结果，就是看着它变质。变质了的财富将不再是财富，而是沉重的包袱。聪明的人，不会让财富成为包袱，而是在它还保有价值的时候，将它分享给别人，就像李源和父亲所做的那样。

其实，财富成为经济上的包袱，还算不上非常严重的事情，如果财富成了德行上的包袱，那才令人可怕，因为那样很可能会毁了我们的人生。

从前，有一个画技了得的画师，他一直想画一幅耶稣的画像，很多年都没有成功。后来，他对自己进行了反思，并认为只有找一位本性纯真的人来做参照，才能完成这幅作品。但事情并不如想象的那么简单，他发现本性纯真的人很难找到。

几经周折之后，画师终于在一家修道院里找到了一位修道士，这位修道士无论是外形还是秉性，都十分符合画师对耶稣的要求。因此，画师以这位修道士为参照，发挥自己精湛的绘画技艺，将耶稣的形象刻画得惟妙惟肖。画师凭借这幅画作享誉画坛，那位修道士也从中获得了不菲的报酬。

有人对画师说："你既然画了圣人耶稣，你也应该画一幅魔鬼撒旦的画啊。"因此，画师开始寻找符合他心目中魔鬼撒旦形象的参照人物。最终，他在一个监狱里发现了一个犯人，十分符合他心目中理想的撒旦形象。

然而，当这个犯人知道自己要被画成魔鬼撒旦时，不禁痛哭起来。画师十分不解地问："只是画张画而已，不会伤害你的，你为什么要哭呢？"

犯人说："你真认不出我来了吗？要知道，当年你画圣人时就是找我，想不到现在你画魔鬼找的还是我。"

画师大吃一惊，仔细一看，这个犯人果然就是以前的那位修道士。画师问那犯人："你怎么变成这样了啊？"

犯人说："当年你以我为参照画了耶稣，不仅使你享誉画坛，也使我成了当地的名人，许多权贵人士都以结交我为荣，时不时地拉我出去应酬，久而久之，我就养成了虚荣奢侈的生活习惯，渐渐花光了你当时给我的酬劳，又不甘于贫困，就去骗、去偷、去抢，最终把自己送进了监狱。"

当财富诱惑了修道士的心灵，他那飞翔的灵魂就会承受不起欲望的重担，堕落到了地上，败坏了德行。一颗被拖垮了的心灵是很难再飞上天堂的，我们应该以之为戒。

想开点，嫉妒不如祝福

> 在同事之间当有人被提升的时候，也容易引起嫉妒。因为如果别人由于某种优越表现而得到提升，就等于映衬出了其他人在这些方面的无能，从而刺伤了他们，同时，彼此越了解，这种嫉妒心将越强。人可以允许一个陌生人的发迹，却绝不能原谅一个身边人的上升。
>
> ——摘自《培根人生随笔·论嫉妒》

很多人都有一个奇怪的心理，那就是可以看着陌生人飞黄腾达，却不能看着自己熟悉的人平步青云。这是因为，人只会嫉妒与自己处于同一竞争领域里表现比自己强的人，而不会嫉妒与自己不在同一竞争领域的人，也不会嫉妒同一竞争领域里表现比自己弱的人。周瑜嫉妒诸葛亮是因为诸葛亮和他同处一个领域并且能力比他强；周瑜不嫉妒刘备、曹操、孙权，是因为他们不在同一竞争领域。

莎士比亚说："您要留心嫉妒啊，那是一个绿眼的妖魔！"嫉妒的人是可恨的，他们不能容忍别人的快乐与优秀，会用各种手段去破坏别人的幸福，有的挖空心思采用流言蜚语进行中伤，有的采取卑劣手段，甚至去伤害他人。嫉妒的人又是可怜的，他们自卑、阴暗，"心灵的疾病"会扩散到身体各处，他们享受不到阳光的美好，体会不了人生的乐趣，生活在他们的黑暗世界里。所以说嫉妒是摧毁人性和健康的毒药。

既然嫉妒是有害的，那么，当我们忍不住嫉妒别人时，该如何克服呢？

第一，培养豁达的人生态度，心胸开阔，要懂得"天外有天，人外有人"，"强中自有强中手"。我们要多想想别人的长处，正视自己的短处，这样就不会眼红别人的提升。如果我们能让自己的心宽厚些，真心祝福别人的提升，同时反躬自省，更加努力地改进自己，让自己也能抓住将来的提升机会，那么别人的优秀就不会是诱发嫉妒的火种，而是招引成功的旗帜。

李文华生在北京，自幼就喜欢听莲花落、快板、太平歌词和相声。1949年北京解放，他参加了工厂文工队，很快就以"快板大王"闻名全厂。不过使他最上心的还是学说相声。他表演的相声常常使整个工厂俱乐部万众沸腾，观众一个个笑得前仰后合。他演出的相声《请医生》，被评为全国职工第一次曲艺会演优秀节目；他主持编写的话剧《挑战》被中国青年艺术剧院搬上了首都舞台，使李文华名声大振。1962年，他调入中央广播艺术团说唱团，当上了专业相声演员。

相声表演有捧有逗，"逗哏"为主，"捧哏"为辅。这种分工是由对口相声的形式决定的。"逗哏"者主动，"捧哏"者被动，"逗"有来言，"捧"有去语，配合默契，才能珠联璧合。李文华进说唱团以来，一直是"逗哏"的。这是对口相声的主角，表演中既主动又露脸。但是说唱团当时缺的是配角——"捧哏"。李文华毫不犹豫地表示甘当配角。从此，他几乎"捧"遍了团里所有的"逗哏"演员：侯宝林、郭全宝、刘宝瑞、马季、于世猷、郝爱民、赵炎、姜昆。

为了当好配角，李文华虚心请教老演员，别人在台上演，他站在台边认真观摩，细心琢磨每位"逗哏"演员的特点。一次，他给侯宝林"捧哏"，说完预先排练的段子，观众掌声如雷，要求返场。侯宝林来了一段"全家福"，这段子李文华没有练过，但他捧得既稳又严，恰到好处。下场以后，侯宝林连声称赞说："文华，这个段子咱俩没练过，你怎么演得这么地道？"李文华嘿嘿一笑："您跟郭先生'放活儿'的时候，我早在台边儿上瞄着呢！"

有一段时间团里安排李文华给马季"捧哏"，他俩配合巧妙，相得益彰，极受观众欢迎。不久，领导决定换于世猷与马季搭档。这样的调动对李文华当然有影响，但他愉快地服从了，并且毫无怨言。

1978年夏天，年轻的相声演员姜昆来找李文华："李老师，我跟您排一段，行吗？""那怎么不行！"李文华爽快地答应了。他喜欢姜昆聪明、热情、有钻劲，心甘情愿地作姜昆的"绿叶"。他们亲密合作，演出获得极大成功，还创作出版了两本相声段子。姜昆满怀深情地对李文华说："李老师，您以前一直是领导叫干啥就干啥，这回领导要是再调您，您可别服从分配啦！您就说，姜昆离不开您，您也离不开姜昆好啦……"

后来，李文华成为深受观众爱戴的著名相声演员，劳动模范，1985年被评选为"十大笑星"之一。

不管是一个表演里的主角，还是一个集体里的领导，其名额都是有限的，不可能人人都去做。如果我们没有当选，这时应该做的不是去嫉妒或记恨别人的出色，而是做好自己的配角或下属工作，以给升任的同事全力的支持。当一个集体的价值得到提升时，身为其中一员的我们也会得到价值的提升。这就像一束花，当绿叶把花朵衬得异常美丽时，这些绿叶就成为花朵必不可少的搭配，人们会看到它们的重要性。像李文华老师那样甘当配角，做一枝衬托的绿叶，也可以很出色，并不需要非得嫉妒鲜花。

第二，转移注意力，给自己一个不嫉妒的理由。当我们有很多事情要做时，就无暇去嫉妒别人。因此，积极参与各种有益的活动，努力学习，勤奋工作，使自己真正充实起来，那么，嫉妒的毒素就不会滋生、蔓延。

第三，看到自己的长处，化嫉妒为动力。一个人在嫉妒别人时，总是注意到别人的优点，却不能注意自己比别人强的地方。其实任何人都有不如别人的地方，当别人在某些方面超过我们时，我们可以有意识地想一想自己比对方强的地方，这样就会使自己失衡的心理天平重新恢复到平衡的状态。

总之，虽然生活中到处都有比较，我们无法控制，可是我们可以控制我们自己，不去为比较的结果而烦恼，就不会为此而生嫉妒。

第三章
扫除缺点，成功一半

小心嫉妒这只大毒虫

> 在人类的各种情欲中，有两种最为惑人心智，这就是爱情与嫉妒。这两种感情都能激发出强烈的欲望，创造出虚幻的意象，并且足以蛊惑人的心灵——如果真有巫蛊这种事的话。
>
> ——摘自《培根人生随笔·论嫉妒》

这山望着那山高，是嫉妒的本质。一个个性好嫉妒的人，内心已经失去判断的能力，因为他不知道什么样的东西才是真的好，而只是一味地与别人进行比较。嫉妒的人看不到自己所拥有的东西的可贵性，也不能用心平气和的态度去看待别人的好东西。他们一直活在比较之中，在失败和不甘中痛苦，生活变得毫无快乐可言。

一连几天，杰克的心情都不是很好。情绪烦躁，吃不香睡不好，不佳的心理状况直接导致他的健康日益下降。杰克心里很清楚，自己原本是很健康的，自从克里奇搬来和他成为邻居后，自己就变成了现在这个样子。

克里奇和杰克开着一样的凯特汽车，没想到前不久他竟然开了一辆新的劳斯莱斯，那可是杰克梦寐以求的汽车啊！杰克知道自己的经济能力还没达到享受劳斯莱斯汽车的程度，但每天看着邻居神气的样子，他的心里实在不好受。

杰克的朋友莱克斯劝告他，养一只小狗吧，这样也许会让他慢慢好起来。莱克斯给杰克送来了一只小狗，小狗很可爱，名叫汤姆。杰克给汤姆买了很多好吃的香肠。刚开始的时候，汤姆还吃些香肠，自从见到了克里奇，它便再也不肯吃杰克买的东西了。

汤姆总是用爪子去敲克里奇的门，有一次克里奇给了它一根香肠，很快便被汤姆吃得精光。从此，汤姆几乎每天都会去克里奇家讨一些食物来吃。这样过了一段时间后，汤姆就只吃克里奇给的东西了，即使是吃剩的冷面包，它也吃得津津有味，而不管杰克给它什么，它都不肯吃。

杰克实在没办法了，只好带着汤姆敲开了克里奇的家门。他说："克里奇先生，这只狗好像跟你很有缘，不如你就收养了它吧。"克里奇有些惊喜地问："你是说，将汤姆送给我？"杰克说："是的，因为它现在不吃我的东西，它只吃你的东西。"尽管杰克的心里很不愿意，但还是将汤姆送给了克里奇，克里奇高兴地收养了汤姆。

但没过几天，情况就完全反过来了，汤姆变得只肯吃杰克的东西，而不肯再吃克里奇给它的任何食物。以至于克里奇经常追着问杰克家里还有没有吃的东西。

后来，汤姆还是被杰克的朋友莱克斯带走了。莱克斯告诉杰克，这是科学家最新试验出来的一种狗，因为给它加入了人类的嫉妒因子，所以它总是这山望着那山高，总以为别人的东西都是好的。莱克斯送给杰克那只狗的用意实在很明显，也很让杰克汗颜。

杰克和邻居克里奇恍然大悟。杰克当即向克里奇道歉说："对不起，我不应该嫉妒你的劳斯莱斯汽车。"令杰克意外的是，克里奇居然也向他道歉："应该说对不起的是我。我嫉妒你家的房子比我的漂亮，所以我将自己原来的汽车外加一个后花园卖了，才买来一辆劳斯莱斯汽车，想让自己的心理得到一点平衡。"

嫉妒就像传说中的巫蛊那样，一旦侵入体内，就会控制我们的行为，使我们无法掌控自己。要防范嫉妒的侵害，我们需要先强大自己的内心，学会看见和肯定自己的好，学会用一种愉悦的心态去欣赏别人的好。

与其嫉妒别人，不如提高自己

> 其实每一个埋头沉入自己事业的人，是没有功夫去嫉妒别人的。因为嫉妒是一种四处游荡的情欲，能享有他的只能是闲人。
>
> ——摘自《培根人生随笔·论嫉妒》

嫉妒是因别人在才华、成就、品质、相貌等某个方面优于自己，而产生的既恐惧又恼怒的心理，以及相应的行为方式。嫉妒是一种消极的个性品质，还常常带有攻击性。一个嫉妒别人的人，往往会不择手段地打击所嫉妒的对象，因而无论对学习、工作，还是对他人、集体都会造成有害影响，对本人的身心健康也极为不利。

赵娟是一个非常优秀的女孩儿，她一直都是班里的佼佼者。这学期，班里转来了一个非常漂亮的女生王亚萍。老师在介绍时说，王亚萍是一个品学兼优的学生。赵娟不以为然，认为王亚萍是"绣花枕头，中看不中用"。过了一段时间，年级组织了一次考试。这次考试，王亚萍比赵娟成绩高出了许多。渐渐地，王亚萍由于优秀的成绩、出众的外表和随和大方的为人，赢得了大家的尊重。同学们渐渐向王亚萍靠拢，这使赵娟感到非常不舒服，觉得王亚萍抢走了自己的位置。一天体育课测试，可能是测试的内容多，非常累，许多同学都装病逃避，王亚萍则刚好因为生病不能参加。抓住这个机会，赵娟就对王亚萍冷嘲热讽，恶语中伤。因为同学们了解王亚萍，所以赵娟的中伤不仅没有赢得同学们的赞同，反而更使自己孤立于大家之外。这样的结果使赵娟的嫉妒心理更加严重，成绩也因此停滞不前，甚至有下滑迹象。

从赵娟的事例可以看出，她的成绩变差，人缘变坏，是因为她把时间都花在嫉妒上了。嫉妒本就不是好的品质，为了嫉妒还要浪费自己的时间，这更加是不明智的。因此，我们与其费时间去嫉妒别人，不如定个目标，然后努力去做。这样既能不受嫉妒的煎熬，又能充分利用闲暇时间，缩小与优越者之间的差距。

4年前，从大学毕业踏入职场的那一刻起，"乡里伢"曾明就很清楚，自己想留在武汉，必须要比同龄人付出更多努力。"乡里伢"是曾明的女友打趣时对他的称呼，事实上也的确如此。曾明来自江西农村，父母都在家务农，没有任何人可以给他一点经济上的支持，而他就读的大学也没多大名气，在武汉找工作也很困难。

为了生存下去，曾明的第一份工作是在火锅店当服务员，工作三个月后，他才在武昌雄楚大街一家科技公司找到一份销售的工作，不过底薪很低。为了提升自己，曾明每天坐公交车去拜访客户时，都要听英语对白，以提高自己的口语。周末时间，他几乎谢绝一切邀约，利用空余时间去大学听各种讲座，晚上回到家也一定要坚持看几页英语书。在该科技公司工作了半年后，他成功跳槽到汉口一家外企工作，做销售代表。

到了外企工作后，曾明普通话里的口音和对很多生僻字的不认识，成了他的致命弱点。于是，他下狠心在书店买了一部大字典，随后，每天不管去哪里，他都带在路上学习。几个月下来，曾明的口音得到了很大的纠正，演讲时也再不会因为不认识的字而怯场了。后来，曾明因为业绩突出，被公司提拔为销售经理。在和他分享这一喜讯时，女友格外有感触：你其实并不聪明，你的成就都是勤奋换来的。

潜心于自己工作的人是没有时间嫉妒别人的。曾明刚毕业时虽然处境非常艰难，但他把所有时间都用在努力工作和自我增值上，再没有多余的时间去与人攀比，也没有时间去嫉妒任何人，而成功却向他走来。

告诉自己，羡慕别人不如自己努力，有时间嫉妒不如花时间工作。每一个成功的人都是在勤奋中成就的，那么也让我们从勤奋中去获得自己的成功。

没有比较就没有嫉妒

> 我们已懂得，嫉妒总是来自于自我与别人的比较，如果没有比较就没有嫉妒。所以皇帝通常是不被人嫉妒的，除非对方也是皇帝。
>
> ——摘自《培根人生随笔·论嫉妒》

印度思想大师奥修说："玫瑰就是玫瑰，莲花就是莲花，只要去看，不要比较。"没有比较，就不会分出高低优劣胜负，就不会因为自己比不过别人而不服，或者因为自己胜过别人而沾沾自喜。没有比较，就不会惦记别人的长处，同样自己的长处也不会被别人惦记。没有争强好胜心理的作祟，我们就能真心地赞美别人的优点，坦诚地看待自己的缺点。

有一个担水的僧人，长得五大三粗，膀阔腰圆。由于他脚力好，力气也比常人大，所以，即使他一人担着四桶水，也面不红，气不喘。众僧见了，都忍不住对他竖起大拇指，称其"神力"。

和他住在一个禅房里的，是一个烧火的僧人。相比之下，他就长得文弱多了，像根豆芽菜，似乎一阵风就能把他吹倒。众僧经常拿二人做比较，多取笑烧火僧的"肩不能担，手不能提"。

对众僧的褒贬，烧火僧表现得似乎很"鸵鸟"。既不见他与众僧辩驳，也不见他偷偷地练体力，以证明大家的看法是错的。他每天总是像往常一样烧着自己的火。

这天，担水僧按捺不住心中的疑惑，向烧火僧问道："你怎能任人家取笑，还能安心在这里烧火呢？"

"我自知身体单薄，不是担水的材料，还是烧好自己的火为好。"

担水僧有些生气地说："你怎么能妄自菲薄呢！你应该证明给他们看，你并不比别人差。从今天起，你和我一起担水！"

"这并不是妄自菲薄，"烧火僧笑着摇了摇头，"因为在我眼里，能烧火和能担水是一样的。"

这话听起来，担水僧觉得像是在侮辱自己。

觉察到担水僧的异常神色，烧火僧解释道："担水需要好的体力和平衡力，烧火何尝不需要对火候的敏锐感觉和把握呢？众人夸你，是注意到了你的存在，但我不能因为人家没注意到我，就放弃烧自己的火。其实，在修行的路上，你我离佛祖都一样近，一样远，没什么可褒贬的。"

听了烧火僧的话，担水僧有些惭愧，说道："原来想点醒你，没想到反而被你点醒了。"

担水需要体力和平衡力，烧火则需要对火候的敏锐感觉和把握，这两者都是完成一件事情的优势，却不能对调着来使用。我们每个人也是一样，各自都有属于自己的特点和优势，如果互相调换着来发展，却可能把优势变成了劣势。一个人是否优秀，重要的不是在每个方面都比别人强，而是在自己的优势方面始终能够发挥到最好。

盲目地比较，只会让我们认不清事实的真相，找不到适合自己的位置。不去羡慕模仿别人，踏实地做最好的自己，会让内心充满快乐，这才是明智的生活之道。

骄傲自大惹人嫌

> 应当注意的是，那种骄傲自大的人物是最易招来嫉妒的。这种人总想在一切方面来显示自己的优越：或者大肆铺张地炫耀，或者力图压倒一切竞争者。其实真正的聪明人倒宁可给人类的嫉妒心留下点余地，有意让别人在无关紧要的事情上占自己的上风。
>
> ——摘自《培根人生随笔·论嫉妒》

黑格尔曾说："嫉妒，是平庸的情调对于卓越才能的反感。"我国也有句古话，认为"木秀于林，风必摧之；堆出于岸，流必湍之；行高于人，众必非之"。才能或品行出众的人会遭到他人的嫉妒和指责，就像大风吹折高出森林的树木、激流冲走超出岸边的土堆那样平常。

其实，对于树木来说，抢走其他树木的养分来成就自己的高人一等，虽然得到了不一样的视野，却也失去了集体团结力量的保护。把养分分给其他树木，与森林一起成长，并不会阻碍自己的壮大，反而因为有集体的保护而更安全，避免了树大招风的危险。我们在日常生活中的为人处事也一样，只顾着自己一枝独秀会招来"摧花辣手"，与别人共同繁荣则能持久地昌盛。

美国钢铁大王卡耐基年幼时，家境贫寒。父母从英国移民美国定居，刚落脚时供不起卡耐基读书，卡耐基只能辍学在家。

有一次，别人送给他一只母兔，很快，母兔又生下一窝小兔。这下，卡耐基犯了难：因为他买不起豆渣、胡萝卜等饲料来喂养这窝兔宝宝，他拍拍脑袋一想，计上心来——请左邻右舍的小孩子都来参观这些活泼可爱的兔宝宝。小朋友大都喜欢小动物，卡耐基趁机宣布，谁愿意拿饲料喂养一只兔子，这只兔子就用这个小朋友的名字命名。小朋友齐声欢呼赞同卡耐基的"认养协议"。于是，小兔子都有了漂亮的名字，卡耐基担忧的饲料难题也迎刃而解。

卡耐基成名后，一次，为竞标太平洋铁路公司的卧车合约，他与商场老手布尔门的铁路公司掰手腕了，双方为了投标成功，不断削价比拼，结果已跌到无利可图的地步，彼此还咽不下这口气。

"冤家路窄"，卡耐基在旅馆门口邂逅布尔门，他微笑着伸出手，主动向布尔门招呼说："我们两家如此恶性竞争，真是两败俱伤啊！"

卡耐基接着坦诚地表示：尽释前嫌，合作奋进。布尔门被卡耐基的诚挚所感动，气消了一半，不过对合作奋进缺乏兴趣。卡耐基对布尔门不肯合作的态度感到纳闷，一再追问原因，布尔门沉默片刻，狡黠地问："合作的新公司叫什么名字？"哦，布尔门为"谁是老大"处心积虑！卡耐基想起儿时养兔子之事，脱口而出："当然叫'布尔门卧车公司'啦！"

布尔门简直不敢相信自己的耳朵，而卡耐基又明确无误地确认了一遍。

于是，冰释前嫌，强强联手，签约成功，双方从中大赚一笔。

历史常常开这样的玩笑，淡泊名声的人出了名。现在全世界都知道"钢铁大王"卡耐基，又有几个人知道布尔门？

名利往往不能兼收，如果不想昙花一现，就要像卡耐基那样，舍得把出风头的机会让给别人。一个不贪图名声的虚荣、甘于低调的人，不会招惹别人的嫉妒，就能在平稳的环境下默默吸收能量，发展壮大自己。

败坏别人就是败坏自己

> 无德者必会嫉妒有道德的人。因为人的心灵如若不能从自身的优点中取得养料，就必定要找别人的缺点来作为养料。而嫉妒者往往是自己既没有优点，又看不到别人的优点的，因此他只能用败坏别人幸福的办法来安慰自己。当一个人自身缺乏某种美德的时候，他就一定要贬低别人的这种美德，以求实现两者的平衡。
>
> ——摘自《培根人生随笔·论嫉妒》

在生活中，常常有这样一种现象，一些人看到自己身边的人在某些方面超过自己，便情不自禁地产生一种难受的感觉，并随之出现一些消极行为。比如，看到别人买彩票中了大奖，自己却没有得到这种"意外之财"，便忍不住大发牢骚，甚至对别人肆意造谣、恶意诽谤。这种"见不得别人好"的行为就是人类嫉妒情感的一种表现。

嫉妒情感是很多人都有的，它通常存在于人与人之间的竞争关系中，其根源是因为占有欲没有得到满足。很多人在面对"人有我无，人好我差"这样的现象时，心里会觉得不是滋味，潜意识中希望占有属于别人的东西。当无法占有别人的东西时，便去破坏别人的东西，力图把别人拉回到和自己一样的起跑线上。

嫉妒别人的人常有挫折感和愤愤不平的情绪，受这种情绪的控制，他们就会想要去对付那些优秀的人。由嫉妒而产生掣肘、造谣中伤、孤立他人等种种行为，都属于消极行为，对人有害，于己无益。嫉妒别人的人往往把精力用于对抗而不是发展，最终自己也得不到发展和进步，害人害己。

这样的人自古就有，例如战国时期的庞涓。

战国时期，魏国人庞涓和齐国人孙膑都拜在鬼谷子门下学习兵法，两人同窗情谊深厚，结为了兄弟。后来，庞涓先去了魏国当官，并且很快就当上了魏国的大将。这时，魏王听说了孙膑的才能，就要求庞涓请孙膑来魏国效劳。庞涓虽然遵照魏王的意思把孙膑请了来，但因为他生性骄妒，生怕孙膑抢了自己的风头，压过自己的权势，于是心底便产生了要除掉孙膑的想法。

庞涓表面上假意和孙膑"哥俩好"，但私下里却利用孙膑是齐国人的这一点，暗中布局，然后向魏王进谗言，诬陷孙膑私通齐国。结果，还蒙在鼓里的孙膑被挖去了膝盖骨，变成终身残疾，脸上也遭受了代表耻辱的黥刑。这时的孙膑虽然保住了性命，但并不是侥幸，而是因为庞涓知道他曾得到鬼谷子先生秘密传授的兵法，他想骗孙膑把兵法写出来之后，再害其性命。幸运的是，孙膑偶然得知了庞涓的阴谋，于是假扮疯癫，骗过了庞涓的监视，暗中取得了齐国使者的信任，被救回了齐国。

孙膑回到齐国，得到齐王的重用，首先在魏国攻打赵国时，以一招"围魏救赵"打败了魏国，挫了庞涓的气势。后来，孙膑又在马陵之战中，诱引庞涓对齐军紧追不舍，落入齐军预设的埋伏中。当齐军万箭齐发，魏军大败溃逃时，庞涓知道自己智谋斗不过孙膑，这一仗已经输定了，于是自刎而死。

嫉妒别人就要摧毁别人，这种做法不管有没有反噬自己，都是不可取的。因为我们在打击别人的时候，并不能从中得到提升。把陷害别人的时间拿来学习，把打击别人改为以对方为师，这样更能让自己进步，成为真正优秀的人。

著名数学家华罗庚就是这样一个人。他小时候算术成绩很差，经常不及格。他并没有因此而去嫉妒优秀同学，而是常常勉励自己：别人做得到的，我也做得到。于是，他研究别人为什么考得这么好，取人之长补己之短，最终成为一名著名数学家。这是一种多么可贵的进取精神啊！

虚荣心让人们失去快乐

> 虚荣心甚强的人，假如他看到别人在一件事业中总是强过于他，他也会为此产生嫉妒的。所以自己很喜爱艺术的阿提安皇帝，就非常嫉妒诗人、画家和艺术家，因为他们居然在这些方面超过了他。
>
> ——摘自《培根人生随笔·论嫉妒》

　　虚荣心是一种扭曲了的自尊心。自尊心追求的是真实的荣誉，而虚荣心追求的是虚假的荣誉。当一个人的优势被别人超过时，虚荣心会使他嫉恨对方，不惜一切地要赢过对方，把面子抢回来，尽管这个面子对他可能一无所用，而他也为了挣回这个面子付出了巨大的代价。

　　在费尔所居住的巴拉圭街上一座普通的住宅楼里，说起业主们的竞争气氛，那真是相当浓烈。

　　很长一段时间里，他们的竞争只存在于养狗、养猫、养金丝雀或鹦鹉中，最具异国情调的也莫过于养只松鼠或海龟。费尔就有一只可爱的纯种蜘蛛。

　　某一天，费尔正在给蜘蛛格特鲁德喂食的时候，一位素未谋面的邻居从费尔门口经过，他两眼发直地看着格特鲁德，显然对它着迷至极。他的目光中有一种东西令费尔战栗———那就是竞争。第二天，他经过费尔家门口时，向费尔展示了他刚买到手的一只蝎子。他们在走廊上谈论了蜘蛛、蝎子以及扁虱的生活习性和喂养问题。这碰巧被住在 7 - D 的姑娘听到了，当天下午她的老爸就为她抓到了一只螃蟹。

　　此时费尔的境遇已经大不如前了。当有一天妻子和他提出分居时，他终于意识到，她再也无法忍受费尔将一只卑贱的纯种蜘蛛作为宠物了……3 天之后，费尔调用他全部的存款和关系，买到了一只其他人绝对无法想象的气质非凡的美洲豹。

在费尔的美洲豹到来之时，没有一位邻居不对他卑躬屈膝。然而不久，他们就被另一位邻居牵来的美洲虎那硕大的体形模糊了视线。在强大的竞争压力下，邻居们频繁地更换宠物。

面对妻子偷偷地和一位买了巨型蜥蜴的邻居通电话的事实，费尔吃了秤砣铁了心，卖了所有家具家电，而这样做只为了买一条稀有的超级大水蟒。

穷人的日子难过啊——费尔这位可怜的宠物英雄仅仅光荣了3天！这个窄小破旧的住宅楼里，陆续出现了狮子、老虎、大猩猩、鳄鱼……甚至还有动物园里都难得一见的黑豹。如今的住宅楼日夜回荡着各种千奇百怪的叫声，令人彻夜难眠；猫科动物、脊椎动物、爬行动物和反刍动物的气味混合在一起，空气浑浊得让人无法呼吸；巨型卡车每天拖来成吨的肉食、鱼类和各种蔬菜——这类景象恐怕只有在战争片里才能看得到。

住宅楼已是遍地狼藉了。此时的费尔正躲在楼顶上写这篇报道，下面的情形十分糟糕：7－A家养的大象不时发出哀嚎声，弄得他不寒而栗；每隔8分钟，他就得到楼梯中躲一躲，防止7－C家喂养的蓝鲸定时喷射出的水柱子毁了他的稿纸；他的桌子从来没有平稳过，因为7－D家喂养的长颈鹿以头撞墙，一刻不停，乞求人喂它饼干……

费尔不禁怀念起过去：那些喂养蝎子、螃蟹和鹦鹉的艰难日子，那些堂吉诃德式的美好时光，它们是那么遥不可及。坐在这个嘈杂的楼顶，费尔明白了一个道理——竞争，让每个人疯狂。

竞争让每个人都疯狂，那是因为这些人都患上了名叫"虚荣"的病，产生了"嫉妒"的反应。一个不追求虚荣的人，不会去羡慕别人豢养的宠物多么高贵，也就不会为了面子而瞧不起自己的"出身平凡"的宠物。

良性的竞争可以促进能力的提高，可以加快实力的增强，但如果为了要面子、出风头而盲目竞争，那样的结果是得不偿失的，因为我们会因此失去快乐，只剩下嫉妒和不满足的痛苦。

自私的人不会受欢迎

俗话有云："点着别人的房子煮自己的一个鸡蛋"，这正是极端自私者的本性。

——摘自《培根人生随笔·论自私》

什么是自私？一个人做什么事情都只为自己考虑，而不去顾及别人的利益和感受，这就是自私。有人说，自私是邪恶的根源，是美德的蛀虫，是人格的白蚁。这话是有道理的，因为自私的人，终究只能活在自己那个狭小的圈子里，凡事只顾自己，而不考虑他人的利益，对别人也习惯于采取敷衍、搪塞的态度，甚至信奉所谓的"人不为己，天诛地灭"，这样的后果只会让他们在人生的道路上形单影只。

在经过一轮复一轮的重重筛选后，五个来自不同地方的应聘者终于从数百名竞争对手中，像大浪淘沙一般脱颖而出，成为进入最后一轮面试的佼佼者。

这五个人，可以说都是各条道路上的"英雄好汉"，彼此各有所长，势均力敌，谁都可以胜任所要应聘的职务。换句话说，就是谁都有可能被聘用，同时谁都有可能被淘汰。正是因为这样，才使得最后一轮的角逐更加具有悬念，更加显得激烈和残酷。

郑川虽然身居高手当中，但心里相对还是比较踏实的。因为凭郑川在初试、复试、又复试、再复试中过关斩将那股所向披靡的势头，他想他成功获胜是绝对没有问题的了。于是，胜利的自信和成功的愉悦提前写在了他的脸上。

按照公司的规定，他们要在那天早上9点钟准时到达面试现场。面对如此重要的机遇，没得说，他们当中不仅没有人迟到，还都不约而同提前半个多小时就赶到了。

距面试开始时间还早，为了打破沉寂的僵局，精明的五个人还是勉强地聚在一块儿闲聊了起来。面对眼前这些随时会威胁自己命运的对手，在交谈中彼此都显得比较矜持和保守，甚至夹着丝丝的冷漠和虚伪……

忽然，一个青年男子急急忙忙地赶来了。他的到来成了五个人转移这毫无内容的话题的借口，他们纳闷着，惊奇地看着他，因为在前几轮面试中都不曾见过他。

他似乎感到有些尴尬，然后就主动迎上前开口自我介绍说，他也是前来参加面试的，由于太粗心，忘记带钢笔了，问他们几个是否带，想借来填写一份表格。

五个人面面相觑。郑川想，本来竞争就够激烈的了，半路还要杀出一个"程咬金"，岂不是会使竞争更加激烈？要是不借笔给他，那不就减少了一个竞争对手，从而加大了成功的可能？五个人有心灵感应似的你看着我我看着你，终于没有人出声，尽管他们身上都带着钢笔。

稍后，他看到郑川的口袋里夹了一支钢笔，眼前立刻掠过一丝惊喜："先生，可以借给我用用吗？"郑川立刻手足无措，慌里慌张地说："哦……我的笔……坏了呢！"

这时，五个人当中有一个沉默寡言的"眼镜"走了过来，递过一支钢笔给他，并礼貌地说："对不起，刚才我的笔没墨水了，我掺了点自来水，还勉强可以写，不过字迹可能会淡一些。"

他接过笔，十分感激地握着"眼镜"的手，弄得"眼镜"莫名其妙。其他四人则轮番用白眼瞟了瞟"眼镜"，不同的眼神传递着相同的意思——埋怨、责怪。因为他又给他们增加了竞争对手。奇怪的是，那个后来者在纸上写了些什么就转身出去了。

一转眼，规定的面试时间已经过去20分钟了，面试室却仍旧丝毫不见动静。他们终于有些按捺不住了，就去找有关负责人询问情况。谁料里面走出来的却是那个似曾相识的面孔："结果已经见分晓，这位先生被聘用了。"他搭着"眼镜"的肩膀微笑着做了一个鬼脸。

接着，他又不无遗憾地补上几句："本来，你们能过五关斩六将来到这儿，已经是很难能可贵的了。作为一家追求上进的公司，我们不愿意失去任何一个人才。但是很遗憾，是你们自己不给自己机会啊！"

郑川他们这才如梦初醒，可是已经太迟了。自私的他们只因为这么一点小事，丢掉了已经到嘴的肥肉；"眼镜"却得益于他的无私，成了这次应聘中唯一的幸运儿。

本以为稳操胜券的郑川最终被淘汰了。因为他太过自私，只盯着自己的好处不放，容不得他人。试想一下，如果生活中的每个人都只为自己考虑，连举手之劳的帮助都不愿给予他人，那么我们的世界将会是多么冰冷和没有人情味？

眼睛不要只看到自己，分一些爱心给别人，那样别人也才会把欢迎送给我们，把爱心分给我们，把机会留给我们。

狡猾的小聪明并非真正的明智

狡猾的小聪明并非真正的明智。他们虽能登堂却不能入室，虽能取巧并无大智。靠这些小术要得逞于世，最终还是行不通的。因为正如所罗门所说："愚者玩小聪明，智者深思熟虑。"

——摘自《培根人生随笔·论狡猾》

　　下过棋的人可能深有体会，那些一开局就声势浩大地吃了对方许多棋子的人，往往到最后都是输，而那些步步为营、一开始看上去好像必输无疑的人，结果却能大逆转，赢得干净漂亮。这个道理就在于，前一种人，他们的目光只看到眼前的利益，花大力气去吃一些无关紧要的兵卒，不惜把全盘的布局给打乱了；而后一种人，他们看上的是全局的输赢，不是一子的得失，所以在对方"快意杀伐"的时候，他们能沉得住气，默默地运筹帷幄，掌握全局。

　　俗话说"世事如棋"，生活也像下棋，只会耍小聪明的人就像前一种下棋的人，他们绞尽脑汁争抢的只是些眼前的利益，却因此错失了争夺全局胜利的机会。

　　有兄弟二人分父母留下的两间破草房，哥哥斤斤计较，破坛破罐都不放过，还千方百计霸占属于弟弟的那间破房子。弟弟一气之下，索性把家产都给了哥哥，独自去外面闯世界。多少年过去了，弟弟历尽艰辛终于发家，而在家的哥哥却依旧穷困潦倒，仍住在破草房里。弟弟却淡然一笑："你算计了我，只想着在家里怎样战胜我，我却想着在外面怎样战胜更多的人，所以我们兄弟才有不同的结局。"

　　细细想来，弟弟的话的确不无道理。自以为聪明的哥哥以为算计了弟弟，结果却并非如此。他不知道，这世界其实并不只有他们兄弟两个人，打败了弟弟并不意味着拥有了整个世界。

还有一个故事，同样说明耍小聪明最终是行不通的。真正聪明的人，从来都是放眼全局，以自己为对手的人。

有同窗二人，同样勤奋，同样优秀，又属同乡，交情甚好。只是一个家富，有钱购买大量的复习资料，成绩始终名列前茅；一个家贫，买不起那些宝贵的资料，成绩稍逊。于是家贫的屡屡向家富的求借资料，而家富的也总是有求必应。家贫的因有了这些资料，成绩直线上升，很快进入班里前三名，大有赶超第一之势。这时候，家富的心里起了变化，担心被家贫的超过，多了一个竞争对手，便开始藏了心眼，于是友谊悄悄地变了质。以后，凡家贫的来借资料时，家富的便找出种种理由予以婉拒。家贫的多次被拒后，终于明白了此中的缘故。但他并未指责对方，只淡淡地说了句："世界不是只有你和我。赢了我不算真的赢，赢了自己才是真的赢。"家富的悚然一惊，几经反省后，不禁自愧于自己视野的狭窄，于是重又欣然把资料借给家贫的。两人的友谊又深厚如初，在学业上彼此鼓励相互探讨，后来双双考入理想的大学。

心胸狭窄的人往往目光短浅，以为赢得了一次竞争便是永久的胜利。心胸宽广的人能看得到竞争带来的好处，在互动交流中更清楚地认识自己，从而取长补短，争取最大的进步。

不可否认，这个世界的竞争是激烈的，而且无处不在。如果我们只看到自己与身边人的竞争，就会满足于赢了身边的人，结果是输掉外面世界更多更大的竞争。一个人只有赢了自己，才有足够的资本在世界的大棋盘里与人争锋。因为赢了自己的人，他眼里的世界是无限大的，他每一步的决定就都会经过深思熟虑，体现真正的聪明。

外露的聪明不够聪明

> 常听到一种说法，认为法兰西人的聪明藏在内，西班牙人的聪明露在外。前者是真聪明，后者则是假聪明。不论这两国人是否真如此，但这两种情况是值得深思的。
>
> ——摘自《培根人生随笔·论小聪明》

"聪明"一词，人人喜欢，但常可见有些人自以为是，显露自己的"聪明"，反而招致大麻烦。究其原因，就是因为他们锋芒太露，太过张扬。当表述不同观点或反驳别人意见时，他们常常口若悬河、直抒胸臆，丝毫不考虑对方是否能够接受；当发现有谁犯了某种知识上或者逻辑上的错误时，也许根本无伤大雅，但他们也会毫不留情地当面指出，让对方找不到"台阶"。总之，不懂得适时隐藏聪明，只知道一味显露聪明的人，只能让人敬而远之。

大政治家富兰克林·罗斯福说："不懂藏智巧的人，才是真正的傻瓜。"聪明是一笔无形的财富，而这种财富是不是能够真正发挥作用，关键在于如何使用。真正善做人的人，总能控制好"聪明"的度，防止因不慎而让自己处于一种"窒息"的状态之中。

机关大院与一家大医院仅隔着一条马路。每天在医院进进出出的人很多，马路上做小生意尤其是卖水果的，生意特别兴旺。

也许是仗着生意好，这条街上的果贩扣秤出了名。每天都有顾客为此争吵不休，而卖水果的商贩们根本不在乎，来找的就笑嘻嘻地塞给你个水果，算是补偿，不来找的就蒙混过关。少则几两，多则上斤，都敢下手。城管抓也不管用，有记者来采访差点被打破脑袋。后来短斤少两成了不成文的规矩。而顾客呢？只要小贩不太过分，也不同他们计较，直到来了个推板车卖橘子的小伙子。

那天，一位老太太在小伙子的摊上买了几斤橘子。她问他能否便宜点，小伙子说不能便宜，但是不会少你秤。回来后，老太太用家里的秤称了称，惊奇地发现，竟然多出了1两多。老太太想当然地认为是小伙子的秤出了问题。下次买水果时，不由自主又买了他的，这次又多了2两。以后，老太太每次都买小伙子的水果，成了他的铁杆顾客。

日子长了，老太太才知道小伙子对每个顾客都是如此：价格不肯便宜，但是分量都会多给那么一点。这下小伙子成了那条街上生意最好的果贩。有次老太太问他为什么要这样做？要知道，让价是看得见的，而多给一点分量，人家却不一定知道啊。小伙子笑着说，不肯贱卖是因为自己的东西好，如果像别的果贩那样让点蝇头小利却又在分量上做手脚，还是不让为好。自己虽不让价，但是分量实在，才是真正给人实惠。老太太困惑地问：可人家未必能发现啊。小伙子笑着说：我相信一句话，公道自在人心！

后来，小伙子离开了这条街，在市里做起果品批发生意。因为口碑好，生意越做越大，他便用赚来的钱在家乡建起了水果种植基地。再后来，他办起了水果加工厂，生产的果汁果酱甚至远销到海外市场。他成了赫赫有名的民营企业家。有记者采访他，问他成功的秘诀，他说他也不知道为什么，他只不过给了别人一点点好处，而自己却得到了很多很多。

心理学家指出，耍小聪明的人有两种灾祸，一种是被人猜忌防范而招祸，一种是自己会把事情办坏而不能成功。它可以使人得意于一时，获得心理上的满足，然而终究还是自毁，永远不会取得真正的、伟大的成功。故事中的小贩们便是如此。他们缺斤少两，表面上像是获得了好处，可是也失去了好的口碑和人们的信任。这对于一个生意人来说，是多么大的一个损失，这样的聪明，充其量只能算是"小伎俩""小聪明"。

而有大智慧的人，不显山露水，不卖弄聪明，表面上看起来很愚笨，其实却很聪明。故事中的小伙子便是如此，他让利给了顾客，而自己却收获了更多。这便是"小聪明"与"大智慧"的区别。

第四章
练好口才，走遍天下

不说伤人话

那些喜欢出口伤人者，恐怕常常过低估计了被伤害者的记忆力和报复心。

——摘自《培根人生随笔·论言谈》

现代社会流行一个词语，叫"毒舌"，喻指那些言谈犀利尖锐、用词恶毒阴辣、能使语言的被施加者产生诸多不快反应的人物及其说话方式与处事态度。对于现代年轻人来说，在彼此默契的朋友之间，偶尔"毒舌"一下，可以调节气氛，融洽感情，显然是无可厚非。可是，有些人缺乏自我控制的能力，把"毒舌"的习惯沿用到与一切人的交往中，就会使那些不了解他的朋友，或者是生性比较敏感的人，觉得受到侮辱或伤害，导致交往破裂。

将心比心，我们应该明白，伤人的话谁都不愿意听，所以我们也应该尽量不说。可是有些人却喜欢把"毒舌"当作表现自己的机智和敏捷的方式，刻意去展示。

不过也有一些人并不是故意"毒舌"，而是不注意说话的技巧，不知不觉中就会说出一些伤人的话。这类人往往在别人记恨他时，都还不知道自己错在哪里，真是让人恨也不是，同情也不是。

以前，有一个人很不会说话。有一次，这个人摆酒请客，看看开席的时间都过了，还有一大半的客人没来，作为主人的他心里很焦急，随口就说："怎么搞的，该来的客人还不来？"

一些敏感的客人听到了，心想："该来的没来，那我们是不该来的啰？"于是悄悄地走了。

主人一看又走掉好几位客人，越发着急了，便说："怎么这些不该走的客人，反倒走了呢？"

剩下的客人一听，又想："走了的是不该走的，那我们这些没走的倒是该走的了！"于是又都走了。

最后只剩下一个跟主人较亲近的朋友，看了这种尴尬的场面，就劝他说："你说话前应该先考虑一下，否则说错了，就不容易收回来了。"

主人大叫冤枉，急忙解释说："我并不是叫他们走哇！"

朋友听了大为光火，说："不是叫他们走，那就是叫我走了。"说完，头也不回地离开了。

本来是诚心诚意请客，却因为不会说话，竟把所有客人都得罪了，这个人真是比窦娥还冤啊。

不过，这个人还算运气好的，因为他虽然得罪了朋友，如果想清楚了自己错在哪里，再找朋友们诚意道歉，还是有机会挽回的。最倒霉的是有些人不会说话，得罪了报复心强的人，给自己惹来一身麻烦。

明代开国皇帝朱元璋，出身贫寒，少年时放牛，给有钱人家打工，甚至还一度为了果腹而出家为僧。但朱元璋却胸有大志，风云际会，终于成就一代霸业。

朱元璋当了皇帝以后，有一天，他儿时的一位穷伙伴来京求见。朱元璋很想见见旧日的老朋友，可又怕他讲出什么不中听的话来。犹豫再三，总不能让人说自己富贵了不念旧情吧，他还是传了穷伙伴进来。

那人一进大殿，即大礼下拜，高声说："我主万岁！当年微臣随驾扫荡庐州府，打破罐州城。汤元帅在逃，拿住豆将军，红孩子当兵，多亏菜将军。"

朱元璋听他说得动听含蓄，心里很高兴，回想起当年饥寒交迫时大家有福同享、有难同当的情形，心情很激动，立即重重封赏了这个老朋友。

消息传出，另一个当年一块儿放牛的伙伴也找上门来了，见到朱元璋，他高兴极了，生怕皇帝忘了自己，指手画脚地在金殿上说道："我主万岁！你不记得吗？那时候咱俩都给人家放牛，有一次我们在芦苇荡里，把偷来的豆子放在瓦罐里煮着吃，还没等煮熟，大家就抢着吃，把罐子都打破了，撒下一地的豆子，汤都泼在泥地里。你只顾从地上抓豆子吃，结果让红草根卡在喉咙里，还是我出的主意，叫你用一把青菜吞下，才把那红草根带进肚子里。"

当着文武百官的面，"真命天子"朱元璋又气又恼，于是喝令左右："哪里来的疯子，来人，快把他拖出去砍了！"

同样的事情，一个人叙述出来后，得到了天子的重赏，另一个人却招来了杀身的横祸，这就是讲究说话技巧的重要性。在现代，人们虽然没有朱元璋"一句话断生死"的权力，但如果被激怒了，狠下心来报复，那后果也是很惨重的。所以，说话留点儿口德，一句话没经过反复斟酌不要轻易出口，这不仅仅是为了尊重别人，往往也是保护自己的需要。

善于提问，多有受益

> 谈话中善于提问，必能多有受益。而所提问题，如果又恰是被问者的特长，那就比直接恭维他还有利。这不仅能使听者获得教益，也能使被请教者感到愉快。但提问应当掌握好分寸，以免使询问变成盘问，使被问者难堪。
>
> ——摘自《培根人生随笔·论言谈》

著名教育家陶行知先生有一首小诗："发明千千万，起点是一问。禽兽不如人，过在不会问。智者问得巧，愚者问得笨。人力胜天工，只在每事问。"提问，是社会交往中很常见的一种行为，问得好、问得巧，能融洽关系、收获知识，不然就会适得其反。所以，怎么去问问题，怎么问一个好的问题，是一件很重要的事。

美国电机推销员哈里森，讲了一件他亲身经历的有趣的事：

有一次，他到一家新客户的公司去拜访，准备说服他们再购买几台新式电动机。不料，刚踏进公司的大门，便挨了当头一棒：

"哈里森，你又来推销你那些破烂了！你不要做梦了，我们再也不会买你那些玩意儿了！"总工程师恼怒地说。

经哈里森了解，事情原来是这样的：总工程师昨天到车间去检查，用手摸了一下前不久哈里森推销给他们的电机，感到很烫手，便断定哈里森推销的电机质量太差。因而拒绝哈里森今日的拜访，推销更是无门啦！

哈里森冷静考虑了一下，认为如果硬碰硬地与对方辩论电机的质量，肯定于事无补。他便采取了另外一种战术，于是发生了以下的对话：

"好吧，斯宾斯先生！我完全同意你的立场，假如电机发热过高，别说买新的，就是已经买了的也得退货，你说是吗？"

"是的。"

"当然，任何电机工作时都会有一定程度的发热，只是发热不应超过全国电工协会所规定的标准，你说是吗？"

"是的。"

"按国家技术标准，电机的温度可比室内温度高出42℃，是吧？"

"是的。但是你们的电机温度比这高出许多，嗒，昨天差点把我的手都烫伤了！"

"请稍等一下。请问你们车间里的温度是多少？"

"大约24℃。"

"好极了！车间是24℃，加上应有的42℃的升温，共计66℃左右。请问，如果你把手放进66℃的水里会不会被烫伤呢？"

"那——是完全可能的。"

"那么，请你以后千万不要去摸电机了。不过，我们的产品质量，你们完全可以放心，绝对没有问题。"结果，哈里森又做成了一笔买卖。

哈里森的问题都很简单，对方基本上只要回答"是"或"不是"就可以了。可是他的每个问题前面都有一个事实陈述，在这个事实面前，对方就只能选择他想要的肯定回答。这就是提问的高妙之处，让别人心甘情愿地改变选择。

要恰当、得体、有效地提问，需要掌握一定的提问技巧。

首先要选好对象，有针对性地提问。也就是说对不同的人，应问不同的话。被问人有的热情，有的沉默；有的文静，有的急躁；有的高傲，有的谦虚。性格不同，气质各异，提问的方式也应当有相应的变化，比如可以对一个中国人问："你在哪儿工作？""收入不错吧？""家里有几口人？"这是表示对对方的关心的尊重；但这样问一个美国人，就是打听别人隐私的不礼貌行为。

话题的选择也是一大关键。如蒙田所说"所提问题，如果又恰是被问者的特长，那就比直接恭维他还有利"。问话就如打乒乓球，当你以对方的特长发问，就像特意发了个使对方容易接的球，他当然乐意还击，一来一往中，则畅谈不休。

最后，提问的方式方法也需讲究。提问者是否谦恭，其问话是否合乎听者的心意，都直接会影响到问话的效果。比方说，问"你很讨厌她吗"或"你很喜欢她吗"，就不如问"你对她的印象怎么样"好；问"替我把书还了吧"，就不如问"能否帮我还了这本书"听起来更舒服。任何人都希望得到别人的尊重和体谅。问话者如果不尊重和体谅对方，他自己也只能自讨没趣。

某日在一辆公交车上，其中一排座位上有两名乘客在谈话：

甲说："昨天看了一部《孤儿的春天》，演得实在很好。"

"有什么好？"乙质问。

"剧情实在不错，对改良社会风气别有见解。"甲说。

"有什么见解？"乙仍然用质问性语调说。

"还用问吗？它不就是说那些不良少年都是被迫走上歧路的吗？"说这句话的时候，甲似乎有点不悦了。

"这算是什么别有见解？"乙依然用质问语气说。

甲看了乙一眼，很努力地忍住了到嘴边的骂人的话，丢了句"不跟你说了"，然后扭头看向车窗外面。而乙对甲突然间生气感到莫名其妙，于是赌气也看向另一边窗外，刚刚融洽的气氛就这样变得尴尬起来。

乙本来只是想多了解些关于这部电影的信息，但因为提问的语气太过生硬，疑问变成了质问，从而导致了不快的结果。

生活无小事。说话和提问虽然都是我们从小就天天重复在做的事情，但其中也蕴含了许多学问，需要我们用心去揣摩和学习。

给每个人说话的机会

> 作为客厅中的主人，应当使在座的每个人都分享发表意见的机会，以免有人产生被冷落之感。遇到有人独占谈局，主人就应当设法将话题转移。
>
> ——摘自《培根人生随笔·论言谈》

我们或许都有过这样的经验，当几个人在一起聊天或参加聚会的时候，如果别人都说得兴致昂扬，自己却怎么也插不进一句话，那时的心情是非常糟糕的。所以，将心比心，如果我们是聚会的组织者，或者是几个谈话者中的一员，就要学会把握话题，让每个人都有说话的机会，不要让朋友乘兴而来败兴而去。

社交中的说话，同站在教室中教课或是站在演讲台上演说有很大不同，教课和演说，只有你一个人在说话，别人不能插嘴。而社交中的说话，彼此在对等的地位，如果在这种谈话中，有一个人一直滔滔如高山瀑布，永不停止地倾泻着，那其他人就没有说话的机会。这样的人肯定不会受人欢迎，甚至会被别人耻笑。

说话不是说给自己听，而是说给别人听。每个人都有倾诉的欲望，所以，不能只顾自己说话，而忽视别人的感受。如果不听别人的反馈，不给别人说话的机会，即使你说再好听的话也全是废话。

试想，一个商店的售货员，如果拼命地称赞他的货物如何的好，而不给顾客说话的机会，那么这笔生意八成是做不成的。因为一件商品即使再好，如果不合顾客的心意，他也是不会购买的。反过来，如果给顾客留有说话的余地，使他对货物有询问或批评的机会，双方形成讨论和商谈才有机会做成生意。

给予每个人说话的机会，就能理解对方的想法，一来一往，交流便会通畅，也就能避免不必要的误会和误解。

星期一早晨，有张老师的赛教课。这是一次级别很高的竞赛，请各学校的领导做评委，还有许多教育界的专家到场。这次大赛规则里有一条，对拖堂者采取一票否决制。张老师拿着书正准备去教室，美术老师却气呼呼地闯了进来。他说，市里举行儿童绘画大赛，主题是"我最爱的人"，孩子们都很认真，可绘画天分颇高的安锐却把妈妈画成了老巫婆，刚才去找他，他竟然拒绝修改。

看到安锐的画，张老师也很吃惊。画上的妈妈，真的没有任何美感可言，那双眼睛，一只画成了一团混浊的雾，另一只眼角有泪滴下来，手用了怪诞的紫黑色。这时，惊慌的班长跑来说，安锐与同桌打架了。

看见张老师的一刹那，两人同时松了手。同学们纷纷告诉张老师，同桌嘲笑安锐不爱自己的妈妈，所以把她画成了老巫婆。谁也没想到，瘦弱的安锐，像个发怒的小豹子般扑了过去。

就要上课了，听课的老师坐满了教室，孩子们顿时安静下来。安锐的胸脯一起一伏，他的眼睛紧盯着张老师手上的那张画。张老师轻轻地将画递过去。他愣了一会儿，在握住画的一刹那，他的眼睛湿了。这时，铃声响起来。

孩子们上的是一节口语交际课，题目是《我爱四季》。这节课，张老师发挥到最佳状态，孩子们的表现也格外出色，课堂上时时有意想不到的精彩场面，连那些正襟危坐的评委，脸上也纷纷露出赞许的表情。

只需要一个简单的小结，这节课就可以漂亮地结束了，而张老师，似乎能感受到那只奖杯的厚重。忽然，一直沉默的安锐举手了，他的声音很小，却很清晰："老师，我不爱秋天和冬天。可以吗？"几乎所有的人都转过头，看着这个奇怪的孩子。

安锐惶恐至极，他的脸都憋红了。教研组长皱着眉，对张老师指指墙上的时钟，又给他做了个手势。张老师有刹那的犹豫，可理智告诉他这是不公平的。

忽然，安锐的同桌气呼呼地站了起来："他不爱秋天，不爱冬天，他连自己的妈妈都不爱。"

"我爱我妈妈！"安锐大声反驳。这时，铃声刺耳地响起来，张老师没有打断安锐。教研组长无奈地摇头。

"我妈妈是清洁工，到了秋天，落叶扫也扫不尽，要是被人踩碎、被车碾碎，就更难扫，妈妈累得气管炎都犯了。"他的声音在发抖，语言却很流利。

"冬天一下雪，我和妈妈半夜就得起来扫雪。要是车碾过、人踏过，雪就成了冰石头，我们只能一小块一小块地砸，妈妈的两手都生了冻疮，整天流血。"

安锐举起那张画："我爱妈妈的眼睛，她的右眼生了白内障，什么都看不见了，左眼老是流泪，晚上她就流着眼泪，给我织毛衣，给爸爸煎药。我爱妈妈的手，她的手是紫黑色的，可妈妈说，这双手养活了我们全家。"

"我爱我妈妈，可我不想爱秋天和冬天，老师，可以吗？"他看着张老师，眼睛里是不安的期待。

张老师微微哽咽着点点头，郑重地举起了自己的右手，与此同时，安锐的同桌也举起了手。在张老师渐渐模糊的眼睛里，他看到许多举起的手臂，有孩子们的，有老师的，甚至还有评委和专家们的。

十多年后，安锐在寄给张老师的贺卡里写道："谢谢你，曾经允许我不爱，这让我在今后的岁月里，能够从容地去爱。现在，我热爱生命中的每一天，因为在八岁半那年，我遇见了世上最好的爱。"

我们想当然地以为人人都热爱四季的时候，其实有人是不爱的，因为四季的残酷一面会给他们最爱的人带来艰难和痛苦，比如秋天和冬天给安锐的妈妈带来了工作的困难和身体的伤痛。给每个人说话的机会，我们才能了解每个人真正的想法，减少自以为是的错误。

沉默让你听到更多

> 正如真空能吸收空气一样，沉默者能吸来很多人深藏于内心的隐曲。人性使人愿意把话向一个他认为能保守秘密的人倾诉，以求减轻自己心灵的负担。还可以说，善于保持沉默是获得新知识的手段。
>
> ——摘自《培根人生随笔·论伪装与沉默》

克里斯和妻子凯茜把他们一家在海滩上玩一天需要的所有东西都打进包裹里了。

在抵达海滩后不久，他们的长女凯维娜就转身面对着克里斯，问道："你愿意陪我走一走吗，爸爸？"

"当然，"克里斯漫不经心地回答，"让我们叫上你的妈咪和凯莉莎一起去进行探险。"

"不，爸爸，只有你和我，请求你。"凯维娜恳求着说。

凯维娜牵起克里斯又老又粗糙的手，于是，他们一起出发了。在一阵温和的沉默之后，她开始像海洋一样把克里斯纳入她的世界中。她说："爸爸，你只听，不要打断我，好吗？"

那很容易，克里斯想。"好的。"克里斯说。

"我想和你一起走走，是因为我想为我的生活感谢你。"

当她的这句话落入克里斯的耳鼓的时候，他的脚不知被什么东西轻轻地绊了一下，他的心也被某种情绪拖得滞重迟缓。克里斯张了张嘴想说点儿什么，但他想起刚刚许下的诺言，就继续沉默着，没有说话。

"如果我死了，我希望你知道我生活得很幸福。别以为我这样说是表明我就要死了或者其他什么。我只是希望你知道我爱你。你是一个好爸爸，你带我们到处旅行，去洞穴、高山、夏威夷……到处都有我的朋友，而最重要的是，我真正是像一个孩子一样生活。我的许多朋友为他们的妈妈和爸爸担心，有些则为钱担心，还有一些为他们将在哪儿居住担心。而我只担心一些属于孩子的事情。你爱妈妈和我们，我们全家是一个整体。因此，如果万一我发生了什么事，我希望你知道我为我的生活和为有世界上最好的爸爸而感谢你。现在，我们可以回去了。跑啊！"她急速地向前跑去，留下一连串的笑声。

克里斯收拾起被感动的心情，嘴里咕哝了一句祈祷词。他努力想跑，但是他跑不了。要跟上她实在是太困难了，因为他的视线被一阵泪水的迷雾遮住了。

心理学有过统计，人在说话的时候，其愉悦感比倾听要高出数十倍。这还只是单纯的说话，如果讲话的时候获得关注、赞许、推崇，愉悦感会按比例逐层递增。每个人都有倾诉的欲望，他们或者是要倾诉内心的不快和苦闷，或者是要表达自己的感情，或许是希望得到他人的认同，或者是要阐述自己的观点。而沉默，正如培根所说，就如"真空"一样，能"吸来很多人深藏于内心的隐曲"。像克里斯一样，他的沉默，给了女儿一个倾诉的机会，同时也让自己听到了世上最美的语言———一个女儿对父亲由衷的感谢。

很多人擅长侃侃而谈，并以此为荣。确实，很多时候他们奔放的思想、精彩的言辞能烘托氛围，使大家能高兴、友善地交流沟通。但对这些人来说，如此的举止或许能为你赢来朋友，却得不到多少有用的信息。这样的方式只能使你付出，却无法收获什么。人的能力毕竟有限，肯定有许多东西是我们个人所无法了解的。而做一个善于沉默善于倾听的人，往往可以获取许多有用的信息，可以分享他人的知识和经验，为我们的思考提供帮助。

恰当地使用沉默

还要记住，善于保持沉默也是谈话的一种艺术。因为如果你对于你所了解的话题不动声色，那么下次遇到你所不懂的话题，你保持沉默，人们也不会以你为无知。关于自己个人的话题应尽量少讲，至少不要讲得不得当。

——摘自《培根人生随笔·论言谈》

培根告诉我们，在与人交谈时，遇到不了解的话题，要学会保持沉默，这样别人就不会觉得你无知。其实，沉默的作用远不止此。

有人曾说："要了解一个人的思想，最好是看他写的文章，而不是和他交谈。"为什么？因为人们在写文章前会仔细推敲，然后才落于纸墨，所以清楚、流畅。思想需要语言的表达，而语言的形成更需要经过冷静思考和反复推敲润色的过程。沉默并不是教人缄口不语，而是希望人们能深思熟虑，三思而后说。

形式上的静止，并不代表思考的停滞。正相反，深邃的思想，正是来源于那看似沉默的思考过程。所以，人们才说："沉默是金。"当沉默被运用得恰到好处的时候，它会比诱惑的言辞更有说服力，会比坚固的铠甲更有保护力，会比先进的机枪更有杀伤力。

日本海军偷袭珍珠港得手后，美军损失极为惨重，整个太平洋舰队几乎全军覆没，美国许多议员已决定放弃对日本宣战。

当时，罗斯福已经将战争形势分析得十分透彻，他清楚地意识到，如果不趁日军尚未立足之前发动战争，美军肯定要吃苦头，一旦日本站稳了脚跟，整个战势就会变得异常艰难。在一次议会上，罗斯福静静地坐在座位上，其他议员为了战争问题争论不休，他把所有人的意见都听进了耳朵里，记在了心上。他明白大家之所以反对向日本宣战，是因为：战中美国是最后一个参战的国家，而战场并未在美国本土，因此，美国大发了一笔战争财。如果这次向日本宣战，国内经济必受影响，而且胜负难以预料。倘若形势对美国不利，将如何收场呢？

就在大家争论得难分高下时，双腿残疾的罗斯福忍着剧烈的疼痛，从轮椅上吃力地站了起来。白宫的两名侍卫见他如此吃力，纷纷上前帮忙，不料罗斯福倔强地推开了他们。在场的所有人都将这一切看在了眼里。在众人惊讶的目光中，罗斯福摇摇晃晃地站了起来。脸上写满了痛苦，但他并没有发表任何言论，只是默默地看着周围的人们。

全国人民通过电视转播看到了这一惊人的画面，无不为之感动。罗斯福用沉默告诉人们一个大道理：没有什么困难是克服不了的。于是，国会很快做出决议：立即向日本宣战。

罗斯福的意见早已确定，但如果他表达自己的想法，阐述自己的理由，只会使争论更激烈地持续下去，并不利于问题的解决。所以，他用沉默来坚持自己的立场，用行动来证明这个决定的正确性，反对的人便心悦诚服了。

沉默不仅可以用来说服别人，也可以用来应对别人的恶意攻击。

阿旺是某机关一名职员，工作能力十分出众，但他从不因此而炫耀，平日只是默默工作。同事闲谈时，他总是面带微笑站在一旁静静地倾听。

机关里来了一个忌妒心非常强的职员，名叫阿才，只要他发现有比自己能力强的同事，就要主动向对方发起攻击，因此，机关里的老员工不是辞职就是请调。最后，老员工中只剩下阿旺一个人，阿才为了巩固自己的势力，终于将矛头指向了阿旺。

一天，阿才无意中抓到了阿旺的把柄，立刻点燃"火药"，劈头盖脸地向阿旺发起了一阵猛攻。不料，阿旺不但没有被阿才激怒，反而向他送去一抹微笑，一句话也没说，只是偶尔蹦出一个字："啊？"阿才见此状况，灰溜溜地离开了阿旺的办公室，心里一肚子气，却不好发泄。

半年后，阿才却向机关领导递上了辞职报告。

当别人用言语攻击我们时，沉默就是迎接重拳的棉花，把对方袭来的力量消解于无形。用沉默去应对他人的刻意挑衅是非常高明的矛盾解决法，因为对方不管如何叫嚣，我们只要不接招，他最终都只能无可奈何。

保持沉默，不但能揣摩对方意图，往往能变被动为主动。如果冒失开口，将会造成难以挽回的损失。所以说，沉默并不等于无言，它是一种积蓄、酝酿，以至猝发的过程，就如同拉弓蓄力，为的是箭发时能铮铮有力、直冲云霄。

伊里亚·爱伦堡的长篇小说《暴风雨》出版后，在社会上引起震动，褒贬不一。某报主编不知从哪里得到了斯大林对《暴风雨》的看法——认为此书是"水杯里的暴风雨"。为了讨好领导，主编就组织编辑部人员讨论这部小说，以表示该报的政治敏锐性和高度的警惕性，表明该报鲜明的立场。

讨论进行了数小时，发言人提出不少批评意见。由于主编的诱导，每篇发言言辞都辛辣而尖刻，如果批评成立的话，足以让作家坐几年牢。可是在场的爱伦堡极为平静，他听着大家的发言，显出令人吃惊的无动于衷的态度，这使与会者无法忍受，纷纷要爱伦堡发言，并要求他从思想深处批判自己的错误。

在大家的再三催促下，爱伦堡只好发言。他说："我很感谢各位对鄙人小说产生这么大的兴趣，感谢大家的批评意见。这部小说出版后，我收到不少来信，这些来信中的评价与诸位的评价不完全一致。这里有封电报，内容如下：'我怀着极大兴趣读了您的《暴风雨》，祝贺您取得了这么大的成就。——约瑟夫·斯大林。'"

主编的脸色很难看，以最快的速度离开会场，那些批判很尖刻的评委们，都抱头鼠窜了。爱伦堡轻轻地摇摇头："都怨我，这么过早的发言，害得大家不能再发言了。"

真正精于谈话艺术的人，不仅能够运用三寸不烂之舌来夺取成功，也懂得运用沉默来争取胜利。

温和比争辩更有力量

关于谈话的艺术还应当了解：温和的语言其力量胜过雄辩。不善答问者是笨拙的，但没有原则的诡辩却是轻浮的。

——摘自《培根人生随笔·论言谈》

对于同样的问题，由于人的思想和性格不同，对于事物的看法和意见也就不一致。当我们面对一个反对意见时，自然而然就会发生争论。

人与人之间争论这一件事情，在表面上看，似乎纯粹是属于理智上的事，但实际上，却与感情有密切的关系。通常遇到有人反对我们的意见时，我们会感觉不安，认为是一种侮辱，这样我们又会自然地想办法反击。人类有一个特性，也可以说是一种通性，那就是保护自尊心。如果我们在辩论中输了，肯定会认为自尊心受损，即使对方将自己辩得体无完肤、无言以对，我们也不一定在心里服输。一个人若并非自愿，而是被迫屈服，内心仍然会坚持己见。所以在辩论结束之后，争论的双方十有八九会比原来更坚持自己的论调。

可见，严厉、猛烈的攻击并不足以打败一个人，只能激起他更强烈的反抗；而只有满怀着爱的温和，才更具力量，更能让一个人折服。

有一则寓言故事很好地说明了温和友善的力量：寒风和太阳打赌，看谁能让一个人最先脱掉身上的衣服。寒风鼓足了所有的力气，带着刺骨的寒冷和猛烈的凉风吹向那人，但是尽管被吹得摇晃不止，那个人还是拼命地紧紧拽住衣服。寒风累得筋疲力尽，还是未能如愿。而轮到太阳时，它只是笑呵呵地散发着光和热，不一会儿，那个人就热得脱下了衣服。

这就是温和的力量。温和友善，胜于强力风暴。水至柔却能克刚，舌软于牙却久存。一个灿烂的微笑，一个赏识的眼神，一句热情的话语，都能分解矛盾双方间的隔阂，让彼此敞开胸襟，融化彼此间的坚冰。历史上，这样的故事很多。

19世纪时，美国有一位青年军官因为个性好强，总爱与人争辩，所以经常和同僚发生激烈争执，林肯总统因此处分了这位军官，并说了一段深具哲理的话："凡能成功之人，必不偏执于个人成见。与其为争路而被狗咬，毋宁让路于狗。因为即使将狗杀死，也不能治好被咬的伤口。"美国前财政总长麦克扑说，基于多年的政治经验，他明白了用辩论折服无知的人是不可能的事，所以，他总是坚持温和，向那些要向他辩论的人解释。

心理学专家也曾做过实验：他们利用牙齿卫生的演讲会，来对三组学生做试验。对第一组学生，采取强迫式的教育，向学生指出忽视牙齿保健的危险，说不讲究牙齿的卫生，会使人的牙齿腐烂。第二组学生则用温和的态度，讲述牙齿不卫生的危险。对第三组的学生则直接提供有关牙内卫生的常识，使他们自己意识到保护牙齿的重要。在一周后，专家们对全部试验的学生予以检查，看看哪一组学生所接受的有关牙齿保健的知识最多、最深刻，结果第二组的学生分数最高，原因是他们是在心平气和的气氛中接受教育的，并无一点勉强。心理学专家利用这个实验说明，要赢得争辩的胜利，必须避免训斥对方，避免使用恐吓或者任何强迫的方法，而应该平心静气地和对方讲道理。

那么，怎样才能心平气和，避免无益的争论呢？我们可以对如下问题进行冷静思考：

第一，如果我们能最终获得争辩的胜利，它有什么意义？没有什么积极意义，大可不必动用我们的"唇枪舌剑"，一笑置之最妙。

第二，我们的辩论一番的欲望更多的是基于理智还是感情原因？诸如虚荣心、表现欲望或面子上下不来。如果是感情原因，大可就此打住。同样，我们向人提出问题是否有感情的因素？如有，就同辩论的实质——探求真理背道而驰了。所以最好别去做这种不积极的提示而把他人引入无谓争辩的歧途。

第三，对方是充满敌意的吗？他对我们有深刻成见吗？如果是，那么在这种非理性的氛围中最好不要再火上浇油。同样，如果我们是处于这样一种心境，绝对不要向对方提出论题辩论，因为此时我们提不出理性的论点，在辩论伊始，就注定了我们失败的命运。

《孙子兵法》上说："不战而屈人之兵，善之善者也。"不用武力进攻就能使敌人降服，才是高明之中的最高明的。那么在谈话的艺术中，属于"高明之中的最高明"的，就应该是用温和的语言，像日常聊天一般和和气气地，就使人心甘情愿地接受我们的要求。

把握分寸是关键

> 讲话绕弯子大多令人厌烦，但过于直截了当又会显得唐突。能掌握此中分寸的人，才算精通了谈话的艺术。
>
> ——摘自《培根人生随笔·论言谈》

与别人交流，我们都希望别人对我们开诚布公、实话实说，别人对我们也同样抱有这样的希望。只是在一些特殊的时候，比如涉及面子、自尊或保密等因素的情况下，实话实说很可能令人尴尬，伤人自尊。所以培根才提出来，说话需要掌握分寸。

什么叫分寸？分寸就是指说话或做事的适当标准或限度。我们说"过犹不及"，无论说话和办事，不到位不行，过火了也不行，要的就是恰到好处。这就像我们平时炒菜放盐，加少了没有味道，加多了无法下咽。

得体地把握语言分寸感的人，从来不会勉强别人与自己有相同的观点和相同的喜怒哀乐，他们善于运用得体的语言，准确、贴切、生动地表达出自己的思想感情，使自己在社交上八面玲珑，在办事时无往不利。反之，不懂得使用得体语言的人，最后只能使自己在社会上越来越被动，越来越陷入困境。

说话分寸的奥妙，一方面指话说不到位不行。说不到位，别人可能悟不明白，理解不透，琢磨不出你的真实用意，你提出的想法或要求，也不会被人重视和接受，非但事情办不成，还常常会被人瞧不起，这样怎么能换取别人的欣赏与亲善呢？怎么能赢得别人的友谊和器重呢？另一方面，话说得太过头也不行。要求太高，言辞太尖刻，让人感到不愉快，觉得你不识大体，不懂规矩，不知好歹，这样的人常常被人敬而远之，也同样无法与人正常交往。还有一个方面，就是话说得不巧妙不行。太憨实，有时会招来嗤笑；太絮叨，有时会招来反感；太直露，有时会招来麻烦；太幼稚，有时会令人瞧不起。

那么，怎样才能把握好说话的分寸呢？

首先要做到的就是"三思而后说"。在交际场合，我们要认真倾听对方的谈话，在倾听的同时开动脑筋，考虑好怎样回答比较得体。

其次，我们要熟知一些谈话的禁忌，避免造成尴尬，如在西方，女士的年龄是不应该问的。在我们的生活中，对方的健康状况、家庭财产、个人的不幸是比较敏感的，对方单位的"秘闻"、关于其他人的流言蜚语最好也不要讨论。

最后，要注意谈话对象和场合，不同的对象，不对的场合，说话方式应该有所区别。

孔子带着他的几名学生出外讲学、游览，一路上十分辛苦。这一天，孔子一行人来到一个村庄，他们在一片树荫下休息，正准备吃点干粮、喝点水，不料，孔子的马挣脱了缰绳，跑到庄稼地里去吃了人家的麦苗。一个农夫上前抓住马嚼子，将马扣下了。

子贡是孔子最得意的学生之一，一贯能言善辩。他凭着不凡的口才，自告奋勇地上前企图去说服那个农夫，争取和解。可是，他说话文绉绉，满口之乎者也，天上地下，将大道理讲了一串又一串，尽管费尽口舌，可农夫就是听不进去。

有一位刚刚跟随孔子不久的新学生，论学识、才干远不如子贡。当他看到子贡与农夫僵持不下的情景时，便对孔子说："老师，请让我去试试看。"

于是他走到农夫面前，笑着对农夫说："你并不是在遥远的东海种田，我们也不是在遥远的西海耕地，我们彼此靠得很近，相隔不远，我的马怎么可能不吃你的庄稼呢？再说了，说不定哪天你的牛也会吃掉我的庄稼，你说是不是？我们该彼此谅解才是。"

农夫听了这番话，觉得很在理，责怪的意思也消释了，于是将马还给了孔子。旁边几个农夫也互相议论说："像这样说话才算有口才，哪像刚才那个人，说话不中听。"

　　有口才并不一定马到成功，如果不看对象，往往会造成"秀才遇见兵，有理说不清"的尴尬局面。在我们和他人交谈的过程中，必须要注意对象的身份和精神状态，不要自顾自地高谈阔论：明明有人心情苦闷，我们却在人家身旁高谈阔论，谈笑风生；明明有人刚刚再婚，我们却在人家身旁大谈"蝎子尾巴马蜂针，最毒不过后娘心"；明明有人刚刚被免了职，我们却在人家身边放声高唱：天地之间有杆秤，那秤砣是老百姓……

　　把握说话的分寸，实际上就是把握交友的机遇，把握住了说话分寸，我们的人脉之树才能更加健康。

吹牛的人没有不出丑的

> 最可笑的事无过于一个吹牛皮的狂人被拆穿了。
>
> ——摘自《培根人生随笔·论勇敢》

吹牛，也叫"说大话""夸口"，指说话不根据事实，过分夸大内容。爱吹牛的人，大多数是因为爱面子，喜欢把自己说得非常了不起，以此赢得别人的崇拜和敬佩。例如下面这个笑话，就是典型的吹牛炫耀的例子。

话说有三只老鼠碰面。一只老鼠说："我一天不吃老鼠药就胃痛。"另一只老鼠听后接着说："我一天不踩老鼠夹子脚就发痒。"第三只老鼠听后哈哈大笑，说："你们知道我披着的这件皮衣是什么做的吗？猫皮！"

不知道真相的老鼠小辈们，如果听了这三只老鼠的吹牛，可能会信以为真，但我们人类却只会把它当作笑话，因为我们知道真相，知道是老鼠就都会打心底里害怕这三样东西。

吹牛的人本来是想为自己脸上贴金，但当吹牛被戳穿的时候，吹牛之人的短处反而暴露得更加清晰和明显，像被放到了显微镜底下一样。

科学史上曾经有过这样一个传说：一个年轻人想到大发明家爱迪生的实验室里去工作，爱迪生接见了他。为了博得爱迪生的好感，这位年轻人信口开河地说："我一定要发明一种万能溶液，它可以溶解一切物品。"爱迪生听后，微微一笑，他知道年轻人说的话里包含了一个逻辑矛盾，但他不想马上揭穿它，于是就说："好吧，请你回去后先制造一个能盛置这种溶液的器皿，假如你造好了，那么你就可以到我的实验室里工作。"听了爱迪生的这番话，年轻人顿时满脸通红，他知道自己绝不可能制造一个能盛置可以溶解一切物品的

"万能溶液"的器皿的。于是他马上向爱迪生承认了错误。爱迪生后来把"万能溶液"这句话的逻辑矛盾分析给他听，并告诫他，科学研究是一项十分严肃的工作，一定要脚踏实地地去苦干。

除了炫耀以外，有些人吹牛是为了阿谀奉承，想百般讨好别人来换取利益。殊不知牛皮一旦吹破，原来有可能到手的利益反而会飞得更远。

某博物馆派出某馆员招揽橱窗广告业务，这位馆员专程赶到当地一家制鞋厂，稍加浏览，就大包大揽地与厂长谈生意。他自以为是，颇为认真地指着厂房里展出的各类鞋产品，夸奖一通："这种鞋子，款式新颖，美观大方，如果与我们馆合作，经我馆广为宣传，一定会提高知名度！然后就会畅销全国，贵厂生产也会蒸蒸日上啊！"

听起来声情并茂，又具说服力，可惜说话人并非制鞋内行，又没做准备工作，没有事先虚心讨教探探"底"，探测信息，就夸耀对方厂中积压的一批过时的产品。结果厂长不动声色地答道："谢谢你的话。可惜你指出的这批鞋子全部是落后于市场供求形势的第七代产品，现在我们的第九代产品正在走俏、热销。"

仅此两句话，就令这位馆员无话可说了。

如果这位馆员不是这么心急地想去讨好对方，就不会如此盲目地吹牛，结果自曝其短，让对方失去与其合作的信心。

小王和两位朋友约着小聚，两杯酒下肚，彼此的言谈也就打开窗户说亮话了。一位朋友对小王寒暄时略有赞美，另一个朋友立即反驳，说："哄死人不偿命，你那些话到别处用，朋友在一起应该说一些真话，说赞美的话，很多时候害人。" 小王的这位朋友毫不客气地对小王说："我记得你去年说要写书，书呢？"小王顿时尴尬脸红。

小王知道自己有说大话的毛病。2002年，小王当众说了自己五年内的一些打算，还写了30多页的愿景计划书。2003年，小王的研究生同学问他："你今年有什么打算和希望？" 小王很认真地说："我希望年底有一辆属于自己的好车。"2005年，小王对他的大学同学说："我一天要写2000个字"。2006年，小王的一位校友从英国留学三年回国，小王很郑重其事地说："我要向你学习，我也要读博。"

如今时间仍然在流逝，小王的"大话"言犹在耳。2002年的大话，2003年的大话，2006年的大话，虽然没有人质问过小王是否实现，小王自己却知道它们仍然是空谈。2005年的大话，在一次大学同学聚会时被人追问过："你说你一天写2000个字，我怎么在网上没有找到？"小王当时唯一的回应就是语塞脸红。

生活中，像小王这样的吹牛者不在少数。我们常常以为，把内心的愿望说出来，可以得到更多的鞭策和鼓励，可是如果我们的行动不能够跟上的话，我们说出去的话就是被戳破的牛皮，只会让自己显得更加可笑滑稽。

吹牛的人没有不出丑的，因为事实的真相是任何人掩盖不了的，当别人知道吹牛者言不符实时，人们对他的信任和喜爱就可能骤降为零。如果不想因为吹牛而出丑，最根本的办法是不要吹牛。如果我们有不得已吹牛的需要，那么最好的解决办法就是行动起来，将吹牛的话变为事实。只要做到"言必信，行必果"，那么曾经的吹牛就不会是笑话，而是激励人心的佳话。

好称赞要恰如其分

即使好心的称赞，也必须恰如其分。所罗门曾说："每日早晨，大夸你的朋友，其实是在诅咒他。"要知道对好事的称颂过于夸大，也会招来人们的反感、轻蔑和嫉妒。

——摘自《培根人生随笔·论称赞》

与人交往时多说称赞的话，既可以表示友好，拉近彼此的距离；又可以表示肯定，给对方增加信心和勇气。可以说，称赞充满了神奇的力量。

清晨，小刺猬去森林里采果子。在小路边，他看见一只小獾在学做木工。小獾已经做成了三个小板凳。板凳做得很粗糙。但是看得出，他做得很认真。小刺猬走到小獾身边，拿起板凳仔细地看了看。他对小獾说："你真能干，小板凳做得一个比一个好！""真的吗？"小獾高兴极了。

傍晚，小刺猬背着几个红红的大苹果，往家里走。小獾见小刺猬来了，高兴地迎上去。他送给小刺猬一把椅子。小刺猬不好意思地说："我怎么能要你的椅子呢？我可没干什么呀！"小獾拉着小刺猬的手，说："在我有点儿泄气的时候，是你称赞了我，让我有了自信。瞧，我已经会做椅子了。这是我的一点儿心意，收下吧。"

小刺猬连忙从背上取下两个大苹果，对小獾说："留下吧，这是我的一点儿心意！"小獾接过苹果闻了闻，说："你的苹果香极了，我从来没有见过这么好的苹果。"小刺猬也高兴极了，说："谢谢你，你的称赞消除了我一天的疲劳！"

确实，好的称赞，可以在人感到沮丧、灰心的时候带来信心与希望，在人疲劳、痛苦的时候带来轻松与快乐。但是，称赞如果过分夸大，或者不切合实际，就会招来人们的反感、轻蔑或嫉妒。

有这样一个故事：一个中国学者到北欧某国做访问学者，周末到当地教授家中做客。一进屋，问候之后，看到教授5岁的小女儿。这孩子满头金发，眼珠如同纯蓝的蝌蚪顾盼生辉，极其美丽。她带去了中国礼物，小女孩有礼貌地微笑道谢，她抚摸着女孩的头发说，你长得这么漂亮，真是可爱极了！

教授等女儿退走之后，很严肃地对这位中国学者说，你伤害了我的女儿，你要向她道歉。中国学者大惊，说我一番好意，夸奖她，还送了她礼物，伤害二字从何谈起？教授说，你是因为她的漂亮而夸奖她，而漂亮这件事，不是她的功劳，这取决于我和她的父亲的基因遗传。你夸奖了她，孩子很小，不会分辨，她就会认为这是她的本领。而她一旦认为天生的美丽是值得骄傲的资本，她就会看不起长相平平甚至丑陋的孩子，这就成了误区。而且，你未经她的允许，就抚摸她的头，这使她以为一个陌生人可以随意抚摸她的身体而可以不经她的同意，这也是不良引导。不过你还有机会弥补。有一点，你是可以夸奖她的，这就是她的微笑和有礼貌。这是她自己努力的结果。

后来中国学者就很正式地向教授的小女儿道了歉，同时表扬了她的礼貌。

孩子的心灵像很软的透明皂，每一次夸奖都会留下划痕。其实，不仅是对小孩子的称赞，对大人的称赞也是一样，不恰当的就可能是伤害。我们称赞别人应该以其实际的努力和成果为标准，夸大的称赞就是阿谀，会引导别人对自己产生错误的认识，继而做出错误的判断。

每个人都应该对自己的言行负责，我们称赞别人，是出于好意，并不想给别人造成伤害，所以，让自己的称赞恰如其分，对我们自己或是对别人来说，都很重要。

第五章
做事灵活，更快成功

做敢于第一个吃螃蟹的人

当一个人完成了从无人做过的事业，或者虽曾有人尝试，但失败了的事业，那么他所获得的荣誉，将远远高于追随别人而做的事业——哪怕后者更难也罢。

——摘自《培根人生随笔·论荣誉》

螃蟹虽然是公认的美味，但第一个吃它的人却需要非常大的勇气。因为螃蟹形状可怕，丑陋凶横，实在很震慑人。同时，在第一个吃螃蟹的人之前，没有人知道它是否能吃，该怎么吃，并且在吃了之后会不会中毒或者发生其他情况。这些未知的情况最容易动摇人的心志。

番茄也是很多人都喜爱的美食，但第一个吃它的人也同样需要非常大的勇气。因为在番茄的老家秘鲁和墨西哥，当地人把它当作有毒的果子，称之为"狼桃"，只用来观赏，无人敢食。16世纪番茄虽然传播到欧洲，但依然没人敢食用。直到17世纪，法国的一位画家实在抵挡不住这种绿叶红果的诱惑，冒着中毒的危险大胆尝了一回鲜，才破解了番茄不能食用的"毒咒"。

如今，吃过螃蟹和番茄的人多得无法统计，但能够被人们记得的，会因为吃东西而被人们敬佩的，却永远只有第一个尝试吃它们的人。

生活中，有许多事情就像螃蟹和番茄，我们可能被它们的外表吓住了，也可能被太多的未知吓住了，更可能是被未经证实的错误判断吓住了，所以不敢去尝试。然而一旦鼓起勇气打破这种畏惧，冲破已有思想的桎梏，我们就可能发现一个崭新的天地，创造一个美丽的奇迹。

1451年，他出生于意大利热那亚的一个工人家庭，虽然他的父亲是一个著名的纺织匠，但是他从没有对纺织产生过任何兴趣。每天，他都站在海边望着远方，他想知道，如果自己从这边游过去，对面会不会有更繁华的城市。

他经常会问父亲："我什么时候能到对面去看看？"父亲说："等你长大了，有钱了，买了自己的船，就可以去了。"他接着沮丧地说："那我什么时候会有钱呢？"父亲蹲下来，严肃地说："孩子，只要你把眼光放远点，财富迟早会被你左右。"

一次偶然的机会，他从父亲的朋友那儿借来了一本《马可·波罗游记》，他如获至宝，待在房间里，如饥似渴地读着，一周都没有出来。等读完了，他热血沸腾地对父亲说："我希望能去黄金满地的日本。"那一年，他才8岁，他说他的梦想是当一名出色的航海家。

为了实现能拥有一条船的梦想，在1476年，他参加了一只法国的海盗船队，后来流浪到葡萄牙，做了一名水手，开始了他的航海梦想。但是，他并不满足于近海航行，而是把目光瞄准了更远处。通过申请，他获得了一次去冰岛的机会，在到达冰岛之后，他却并没有停止，而是继续向前航行了160千米，这次航行的成功更加坚定了他西航的志向，那一年他26岁。他坚定地对父亲说："我的目标是横跨大西洋，去彼岸的亚洲。"

当葡萄牙不能满足他的雄心壮志时，他毅然选择来到西班牙，凭着三寸不烂之舌，他硬是说服了所有反对他的人。尽管这个过程相当漫长，漫长地花费了他整整8年时间，但他并没有因此意志消沉，他执着地相信，只要把视野放远一点，海那边就有无穷的财富在等着他。

1492年8月，他带着招募的88名水手和3艘船出发了，由于这次航行牵涉到大家的切身利益，所有人都信心百倍，但是船在大海上整整航行了3周，都没看见陆地的影子。很多人都犹豫了，抱怨这是一次愚蠢的行动，甚至叫嚣着："海那边根本没有大陆，他是想把我们带进地狱。"但他根本不为所动，只是执着地坚持一直西行。

在坚持11天后，他们终于发现了一个海岛，所有的人都尖叫起来。此时的他不再是一个探险家，而是一个新大陆的发现者。是的，他就是蜚声世界的哥伦布。在哥伦布发现新大陆回到西班牙后，他受到了史无前例的盛情招待，很多人嫉妒他，说不就是带了几艘船，发现了一块陆地吗？这事人人都可以做到，没什么了不起。这话传到哥伦布耳里，他只是微微一笑。

一天，他带了个自制的地球仪进宫，正好有人对他发泄不满，他把球拿出来说："你看见了什么？"对方傲慢地说："欧洲大陆。"哥伦布指着左边说："这是什么呢？""是大海。""你再想想。"对方毫不犹豫地说："一望无际的大海。"哥伦布稍微转动了一下地球仪，说："不，是大陆。其实地圆之说已经是众所皆知的了，可你们不愿去想，也不愿去做，我只是把你们的思绪往前延伸了一厘米，我坚持了，我做了，所以成功了。"

美洲大陆原本就在地球的那个位置上，每个人都有机会成为它的发现者，但这个荣誉最终落在哥伦布身上，因为他是第一个敢于去证实地圆之说的人。可见功成名就的机会永远都在前方，但缺乏勇气的人，因为连抬脚前进的努力都没有，所以永远不可能得到成功和荣誉。

生活总是奖励勇敢的人。不管是在什么领域，我们都要敢于尝试未知的事情，敢于挑战别人失败了的事情，才有希望成为这个领域里"第一个吃螃蟹的人"，从而被人们颂扬、敬佩和铭记。

别人打过的井里也可能有水

如果能做成别人都尝试而失败过的事，那么他的尊名将像多面的钻石，焕发出最耀眼的光彩。所以，在荣誉的追求上，有竞争的对手更好。

——摘自《培根人生随笔·论荣誉》

同一块土地，别人种水稻没收成，种玉米没收成，我们改种土豆却有可能获得好收成。同一个地方，别人打20米深的井见不到水，打30米深的井也见不到水，我们继续打到50米深，却可能得到喷涌的泉水。生活中很多事情就是这样，并不是别人尝试过，并且失败了，就说明这件事情一定不能成功。在考虑过各方面条件都合理的情况下，我们不要忘了，尝试失败的这些人，他们用的方法可能不对，或者付出的努力可能不够多，所以才导致了那样的结果。而我们要取得成功，完全可以遵循他们原来的路子，选择更为准确的方法，付出更多的努力。

两个老板在一起聊天的时候，说起自己的员工。一个老板说："我的公司有这样三个人，一个喜欢寻根究底，嫌这嫌那；另外一个总是忧心忡忡，为一些莫名其妙的事情担忧；第三个人每天无所事事，喜欢到处乱逛。我实在受不了，过几天我一定要炒了他们。"

另外一个老板想了想说："这样吧，你干脆让他们到我的公司来上班吧，省得麻烦。"第一个老板高兴地答应了。

那三个人到了第二个老板的公司后，喜欢寻根究底的那个人被安排去做质量监督，总是忧心忡忡的那个人被安排去做安全保卫，而喜欢闲逛的那个人则被安排去做业务和宣传。一段时间以后，这三个人都做出非常出色的成绩，而他们所在的公司也取得了迅速的发展。

同样的一个人，在不同的岗位，就会有不同的表现。所以说，没有走不通的路，只要你的方向走对了；没有做不成功的事，只要你的思路对了路。

还有一个故事，有一年，绿豆滞销，当地豆农和经销商忧心忡忡，尝试了各种办法，都无济于事。于是他们大量低价抛售绿豆，免得绿豆腐烂，到时候血本无归。然而这个时候，一个经销商却大量购买绿豆。他说，如果豆子卖得动，直接赚钱好了。如果豆子滞销，分三种办法处理：

第一，将豆干沤成豆瓣，卖豆瓣。如果豆瓣卖不动，腌了，卖豆豉；如果豆豉还卖不动，加水发酵，改卖酱油。

第二，将豆子做成豆腐，卖豆腐。如果豆腐不小心做硬了，改卖豆腐干；如果豆腐不小心做稀了，改卖豆腐花；如太稀了，改卖豆浆。如果豆腐卖不动，放几天，改卖臭豆腐；如果还卖不动，让它长腐烂后，改卖腐乳。

第三，让豆子发芽，改卖豆芽。如果豆芽还滞销，再让它长大点，改卖豆苗；如果豆苗还卖不动，再让它长大点，干脆当盆栽卖，命名为"豆蔻年华"，到城市的各大中小学门口摆摊和到白领公寓区开产品发布会，记住这次卖的是文化而非食品。如果还卖不动，建议拿到适当的闹市区进行一次行为艺术创作，题目是"豆蔻年华的枯萎"，记住以旁观者身份给各个报社写个报道，如成功可用豆子的代价迅速成为艺术家，并完成另一种意义上的资本回收，同时还可以拿点报道稿费。如果行为艺术没人看，报道稿费也拿不到，赶紧找块地，把豆苗种下去，灌溉施肥，3个月后，收成豆子，拿去卖。

可见，别人做失败了的事情，不一定就真的做不成。拿破仑说："我的字典里没有不可能。"纵观历史，那些有所成就的人都是敢于突破障碍的人，相信凡事皆有可能的人，他们实现心中的梦想，完成别人口中、眼里"办不到"的事情。

沙漠里能够养鱼吗？不可能。但是以色列人却能在沙漠里养鱼，并发展成令人称羡的沙漠养殖业。一个仅有弹丸之地的小国可以抵御最强大的敌人吗？

不可能。但是第二次世界大战期间横扫欧洲所向披靡的希特勒面对小国瑞士却不得不望而却步，瑞士竟然有600多年没有发生战争。不放一枪、不用一弹可以赶走武装到牙齿的侵略者吗？不可能。但是甘地发起的非暴力不抵抗运动却赶走了英国殖民者，使印度取得独立。

对于培根的这段话，我们也可以这样理解：自己尝试了多次而失败的事情，也不一定就真的做不成。20世纪初，在美国有一对兄弟，他们在世界的飞机发展史上做出了重大的贡献，他们就是莱特兄弟。在当时大多数人认为飞机依靠自身动力的飞行完全不可能，而莱特兄弟却不相信这种结论，从1900年至1902年他们兄弟进行1000多次滑翔试飞，终于在1903年制造出了第一架依靠自身动力进行载人飞行的飞机——"飞行者"1号，并且获得试飞成功。

在人类一步步从过去走向未来的过程中，一件件不可能的事情都成了可能。很多事情都不可能一次尝试就获得满意的成果，如果通往成功的道路要靠我们自己摸索，那需要做出许多尝试和努力。

细心谋划，大胆做事

> 我们要注意，勇敢常常是盲目的，因而它看不见隐伏在暗中的危险与困难。所以有勇无谋者不宜担任决策的首脑，但却可作实施的干将。因为在策划一件大事时必须能预见艰险，而在实行中却必须无视艰险，除非危险是毁灭性的。
>
> ——摘自《培根人生随笔·论勇敢》

　　勇敢是一种令人敬佩的美德。勇敢的人通常能够做出常人不敢做的事情，因而受到人们的崇拜。可是，仅仅只有勇敢是不够的，因为勇敢和鲁莽只有一线之隔，只有勇敢而没有智慧的人，很容易冲破这条界线，把勇敢的行为变成盲目的冲动，导致恶劣的后果。历史上不乏这样的故事。

　　三国时期长坂坡之战中，刘备被曹操击溃，携民众逃走，令张飞率20骑断后。曹操率精兵追刘备，追至长坂桥时，只见张飞倒竖虎须，圆睁环眼，手握蛇矛，立马桥上，厉声怒喝，吓得曹操身边夏侯杰肝胆碎裂，倒于马下。于是曹操人马俱惊，引兵退去。张飞见曹军退去，刘备等人已过河，于是将桥拆掉。张飞事后跟刘备说起拆桥一事，刘备说张飞虽然非常勇猛，可惜的是没有多少计谋。张飞问其故。刘备答道："曹操是个很精明、有谋略的人，你把桥拆了，他一定会追来的！"刘备的意思是，曹操生性多疑，如果不拆桥，他会以为有伏兵，而不敢追击；相反，拆了桥，曹操会认为这是张飞无兵可用而拆桥阻挡，定会追来。后来老百姓根据这一典故，创造出了"张飞拆桥——有勇无谋"的歇后语。

　　勇敢固然重要，然而谋略也不可缺少。

一位数学老师曾对即将参加高考的学生说过这样一段话：

高考试卷中60%是基础题，30%是中等题，10%是拔高题。对于那些拔高题，如果你们将题目认真地看了两遍还一点头绪都没有，那就直接放弃，多花时间在基础题和中等题上，要保证基础题和中等题90%的正确率，这样，你也能交出一份令人满意的答卷。

当时，底下是一片嘘声，学生对老师的做法感到不解，觉得老师是在误导自己，因为他们都知道，在高考中哪怕是1分对自己也极其重要，1分能压倒一批人，怎么能随随便便放弃哪个题目呢？

后来上大学了，学生们再想想老师当年的话，确实很在理：拔高题对大多数人而言都是个难啃的骨头，很难做到全对，即使这样，也要花费不少时间和精力，更何况是在考场上，考场上的时间谁又耗得起呢？对于那些基础题和中等题，特别是中等题，只要认真一点，多花点时间，是完全可以保证90%以上的正确率的，以卷面总分150分计算，确实可以至少得到121.5的高分，得到这样的分数，对大多数人而言也确实是交了一份令人满意的答卷。

做事情如同考试，如果将有限的时间消耗在不一定能取得成绩的难题上，缺乏对全盘考试的规划，最终来，只能是丢了西瓜捡了芝麻，难题不一定能做得出来，简单题却因此给耽搁了。相反，如果在分析利弊、考虑自己能力的前提下，将重点集中在自己能够完成的事情上，并且努力不退缩，这样才更可能出好成绩。所以说，要想做成一件事情，谋略和勇敢缺一不可。在未做之前，我们要有缜密的思考，考虑到各种危险和可能。然而一旦下定决心，则要有克服各种困难和阻力的勇气。这就是细心谋划，大胆做事。

李晓华，中国富豪之一。在20世纪80年代就曾以一举斥资购下"法拉利"在亚洲限量发售的新款赛车而名闻京城。在李晓华的个人生意投资史上，最惊心动魄的是在马来西亚的一桩买卖。当时，马来西亚政府准备筹建一条高速公路，修往一个并不繁华的地方。虽然政府给了很优惠的政策，但因人们认为这条并不长的公路车流量不大而无人竞标。李晓华闻讯赶往该地考察，并得到一个极其重要的信息：距公路不远处有一个尚待最后确认的储量丰富的大油气田。只因尚未确认，媒体没有正式公布。

如果这一消息得到确认并正式公布，那么这条公路上的车流量可想而知，随着消息的公布，整个地价会直线上扬，其前景广阔。

李晓华经过周密筹划，毅然冒着破产和离婚的可能，咬牙拿出全部积蓄和房产作抵押，从银行贷款3000万美元拿下了这个项目。但期限只有半年，倘若在这期间内这条公路不能脱手，贷款还不上，李晓华将倾家荡产，一贫如洗。

5个月过去了，油气田没有任何消息。其间，这位备受煎熬的富豪为了节约开支，吃起了盒饭和方便面，在香港只坐6毛钱的老式有轨电车。他的身心备受煎熬，前程吉凶未卜，他甚至开始考虑"后事"了。

可是到了第5个月零16天时，消息终于正式公布了。当天，投标项目就立即翻了一番，并连续几天持续看涨。李晓华的前瞻性投资终于得到了较大的回报。

勇敢和谋略就像人的两条腿，任何一边发育不良，都会影响行走。我们的人生要想踏出稳健的步伐，就要将这两条"腿"都培养得健康、结实。生活中，我们不能只做勇敢的人，不管情况是否有变化都蒙着头往前冲，也不能在遇到难题时，就气馁、打退堂鼓，或者等待别人为我们去重新安排。做事情堪称完美的人，应该是有勇有谋的人，就如李晓华一样。勇敢的品质让他不畏惧做一些大胆的尝试，增加成功的机会；缜密的谋略则帮助他预见过程中的艰险，想好应对方法，提高成功的概率。一件事情，计划设想得完美，过程实施得完美，成果自然也就呈现得完美。

慧眼识机遇

> 善于识别与把握时机是极为重要的。在一切大事业上，人在开始做事前要像千眼神那样察视时机，而在进行时要像千手神那样抓住时机。
>
> ——摘自《培根人生随笔·论时机》

我们常说，成功的关键在于把握机遇。可是机遇究竟在哪里呢？很多时候，机遇并没有贴上标签，它与危机一样，是潜伏起来的。如果没有一双慧眼，我们很难把机遇识别出来，而如果错把危机当作机遇，更可能导致一败涂地。所以，善于识别机遇对我们来说很重要。

机遇往往散布在日常生活的缝隙里，需要有心人的关注才会被发现。

在时钟发明之前，计时的工具是沙漏，它是一种装着沙子的容器，让容器里的沙子缓缓地流下，以此来计算时间。如今，这种计时方法已经被淘汰，沙漏也已进了历史博物馆。不过，作为玩具，沙漏对孩子还有一些教育和娱乐的作用。

日本的西村金助就是一个制造沙漏玩具的商人。但是，近年来，新颖的儿童玩具层出不穷，沙漏这种简单的玩具备受冷落，所以，西村的生意非常惨淡，时刻面临着停产的危险。

面对事业的衰落，找不到出路的西村也常常感叹不已。但他并没有因此陷入恐惧，他大量阅读各类书籍，以此来唤起自己的热情和灵感。

一天，西村翻看一本讲赛马的书，书上说："马匹在现代社会里失去了它运输的功能，但是又以高娱乐价值的面目出现。"在这不引人注目的两行字里，西村好像听到了上帝的声音，高兴得跳了起来。他想："赛马骑用的马匹比运货的马匹值钱。是啊！我应该找出沙漏的新用途！"

就这样，从书中偶得的灵感，使西村的精神重新振奋起来，把心思又全都放到他的沙漏上。经过几天的细心观察和苦苦思索，他终于找到了沙漏的新用途：为打电话计时。

原来，日本的电话计时法和其他国家一样，是以每3分钟作为一次计算的，打电话的人不会也不易掌握时间，往往多说一句两句话就超过了一次的计算标准。如果正碰上硬币不凑手的话，打公用电话就会很麻烦。针对这种情况，西村就设计了一种小型别致的沙漏，将它配备在电话机上，算准每3分钟就刚好将沙子漏完，这样打电话的人一面讲话，一面看着沙漏上的沙子缓缓漏下，既能准确掌握时间，又觉得另有一番乐趣，改善了通话的单调感，使通话者的精神得到适当的调剂。

在电话普及的日本，人们可能并不十分计较电话费。但正因为电话在日常使用中非常频繁，有了沙漏的帮助，可以减少不必要的开支，人们还是非常乐意去接受的。因此，电话计时沙漏一经上市，便受到了人们的广泛欢迎，月销量就达3万多只。西村也因为这个小小的沙漏，使自己原来的小公司得到起死回生，很快发展成一个大企业，他自己也成了令人羡慕的亿万富翁。

从外人的角度看来，西村金助的成功太容易了，轻轻松松就赚了大钱，完全没费多大力气。确实，西村所做的努力，最有价值的地方不是所花费的力气，而是对机遇的识别与把握。如果他没有识别机遇的智慧，即使看了那本赛马的书，也逃不脱破产的厄运，那么再多的努力也是白费。

机遇需要智慧的眼睛去识别，同样的，抓住它，也往往需要我们开动智慧的阀门，才不会让它从双手的缝隙中溜走。

1992年，第25届奥运会在西班牙巴塞罗那举行。该市一家电器商店老板在赛前向巴塞罗那市民宣称："如果西班牙运动员在本届奥运会上得到的金牌总数超过10枚，那么顾客自6月3日到7月24日，凡在本商店购买电器，就都可以得到全额退款。"

这个消息轰动了巴塞罗那。人们争先恐后地到那里购买电器，商店的销售量激增。尤其，才到7月4日，西班牙运动员就获得了10金1银。于是，人们比以前更加卖力地抢购电器。

　　据估计，电器商店的退款将达到100万美元，看来老板是非破产不可了！可老板却从容不迫地说："从9月份开始兑现退款。"

　　"这是为什么？他能退得起吗？"人们的心里难免有疑问。

　　原来老板早做了安排。在发布广告之前，他先去保险公司投了专项保险。保险公司认为不可能超过10枚金牌，就接受了这个保险。

　　这是一个旱涝保收、只赚不赔的保险。如果西班牙运动员得到的金牌总数不超过10枚，那么电器商店显然发了一笔大财，保险公司也无须赔偿。反之，金牌总数超过了10枚，那么电器商店要退的货款将全部由保险公司赔偿，与电器商店毫无关系，那么电器商店无疑发了更大一笔财。

　　最能干的人就是善于攫取机会，运用机会，征服机会，驾驭机会为自己服务的人。这位老板无疑就是这样一个最能干的人。

机会面前，不要犹豫

> 古谚说得好，机会老人先给你送上它的头发，如果你一下没抓住，再抓就只能碰到它的秃头了。或者说它先给你一个可以抓的瓶颈，你没有及时抓住，再摸到的就是抓不住的圆瓶肚了。
>
> ——摘自《培根人生随笔·论时机》

自古以来，埋怨生活不给他机会、埋怨自己的才华得不到伯乐赏识的人总是很多。然而事实上，真的是机会那么吝啬，对他们那么薄待吗？美国著名管理学家劳伦斯·彼得曾经说过，不要有怀才不遇、生不逢时的想法，只要你是锥子，哪怕是放在口袋里，年长日久，也会冒出尖来。的确，在我们身边，机会从来不缺少，我们缺少的只是把握机会的能力。很多时候，机会像微风一样，从我们身边悄悄而又迅速地经过，我们太过陶醉了，就会忘了睁眼去看它，伸手去抓住它。

1972年，美国民主党大会提名麦高文竞选总统，对手是尼克松。但是在这次大会中，麦高文宣布放弃他的竞选伙伴、参议员伊高顿。

一个16岁的年轻人看到这个机会，立刻以每个五美分的成本，买下全场5000个已经没用的、麦高文及伊高顿的竞选徽章及贴纸。然后，他以稀有的政治纪念品为名，马上又以每个25美分的价格，出售这些产品。

这个年轻人就是今天全球的首富，创立微软的比尔·盖茨。这次行动虽然没有造成产业的突破性发展，然而，就是这样的精神——对于机会非常敏锐，能够迅速把握，使得他日后能看到其他人没有看到的机会。

当比尔·盖茨顺利考入美国名校耶鲁大学后，他没有因此而沾沾自喜，反而认为在那里读书荒废了他的事业，他要走出大学校门去开创自己的新天地。他看到当时社会在电脑应用技术上没有大的突破，于是就确立了新的目标。这一决定及时地把握了当时的时机，是比尔·盖茨获得成功的关键。

当机遇敲门的时候，要是犹豫着该不该起身开门，它就去敲别人的门了。机会从来不等人，也不会两次去敲同一个人的门，所以我们需要做第一个看到它并且果断抓住它的人，才能品尝到成功的欢乐。优柔寡断和瞻前顾后不会让我们做出更理智的选择，只会使我们错过很多机会，甚至留下永远的遗憾。

一位心性高远的女孩要远走高飞了，四个男孩去送她。女孩知道，他们都在心底里爱着她。火车就要启动的时候，女孩看着四个男孩欲言又止的样子，就露出一口皓齿，笑着说："你们是不是舍不得我离开呀？真舍不得我离开就跟我走吧！"

四个男孩神情戚然，一时竟都没什么反应。

可就在车门架快要收起的时候，其中的一位飞身跃上了火车，把女孩拥在怀里。女孩没有拒绝。她靠在男孩肩头，泪水沾湿了男孩的衣领。看着相拥在一起的男孩和女孩，站台上的三个男孩后悔已来不及了，机遇之车很快驶出站台。就在这一愣怔、犹疑之间，爱已经从三个男孩身边走远。

一年后，在另一个城市，在女孩和那位男孩的婚礼上，三个男孩问女孩："你是什么时候决定嫁给他的？"女孩说："在他奋不顾身地跃上火车那一刻。"

女孩又问："那时候，你们怎么不跟我走呀？"

"我以为你在开玩笑呢"，一个男孩说。

"我还没来得及跟单位请假，怎么跟你走？"第二个男孩说。

"要我放弃这么好的工作跟你走，总得让我考虑考虑吧。"第三个男孩说。

有道是"机不可失，时不再来"。机会如风，来无影去无踪，一旦逝去，我们就只能徒叹奈何。可是生活中我们可能已经习惯了等待、犹豫，担心鲁莽的决定会带来不好的结果，所以没能及时把握住稍纵即逝的机会。那么，要怎样才能克服这些毛病，让自己不错失机遇呢？

首先，我们应该在平时就养成主动接受挑战的精神。在大是大非面前，能够当仁不让，这样的我们才能在机会到来时快刀斩乱麻地做出正确的决断。

其次，表现出自己的才能，让别人也来帮我们抓住机会。对于千里马来说，伯乐是不常有的，所以遇到一个就是知己。其实这种情况调转过来也是一样的，任何伯乐都不希望自己发现的千里马被埋没。勇于展示自己是"千里马"的特质，"伯乐"就会为我们争取奔跑的机会。

再次，要有冒风险的准备。俗话说"不入虎穴，焉得虎子"，要抓住机会，就得有点冒险精神，因为机会往往是同风险叠合在一起的。不敢冒一点风险，就会丧失许多可能导致人生重大转折的机会，使自己的一生平淡无奇。上面关于男孩女孩的故事中，那个跃上火车的男孩就承担了失去工作也不一定得到女孩芳心的风险，但因为他的不畏惧，风险就变成了机遇。

机会是一辆飞速行驶的列车，我们必须有跃上它的勇气和本事，才能够尽情地利用它，掌控它。

学做审时度势的强者

> 君子坦荡荡。强者往往具有光明磊落的精神，表现出能谋善断的作风。他们正像那种训练有素的马，善于识别何时可以速行，何时应当转弯。既能运用坦率的好处，又懂得在何时必须沉默。
>
> ——摘自《培根人生随笔·论伪装与沉默》

什么是强者？有人会说：能战胜别人的人便是强者。确实，在战场上厮杀，英勇善战、威震敌胆，踏着血泊穿过硝烟走向胜利的人，是强者；在考场上拼搏，沉着应战，才思奔涌，以一胜百，金榜题名的人，是强者；在运动场上称雄，在力量、速度技巧中遥遥领先，赢得金牌和奖杯的人，是强者；在平凡岗位上忠诚地、勤奋地、创造性地工作，被同行和同辈誉为"佼佼者"的人，是强者。只是，不管是古今还是中外的历史都告诉我们，没有任何一个人是可以永远不败的。那些"战胜别人的人"的强者亦是如此。

一个真正的强者，不是永远立于不败之地的人，而是如培根所说"善于识别何时可以速行，何时应当转弯"，也就是能够审时度势的人。需要奋起的时候，他会当仁不让、勇往直前；需要隐忍的时候，他也承受屈辱和打击。古今中外这样的故事很多，先说两个古代故事。

一个是"毛遂自荐"的故事。毛遂是战国时期赵国贵族平原君的一个门客，他在平原君门下3年，却一直不被重用。一次，赵国的形势万分危急，需要选20个人去楚国求救。平原君挑了又挑，选了又选，最后还缺一个人。毛遂自我推荐，说自己是藏在袋子里的锥子，能随时发出光芒。平原君有些怀疑，但还是答应了。到了楚国，平原君与楚王商讨出兵救赵的事，可是楚王没同意。

毛遂看时间不等人，一手提剑就冲到了楚王面前。他把出兵援赵有利楚国的道理，作了非常精辟的分析。毛遂的一番话，说得楚王心悦诚服，答应马上出兵。平原君回到赵国后，待毛遂为上宾。

另一个故事"胯下之辱"。汉初名将韩信本是没落贵族，因其性格落拓不羁，难以被世人理解，故而未被选为官吏，但他又不懂得经商之道，所以无以谋生，只能钓鱼换钱维持生计，还常常依靠别人的接济才能勉强度日。因其境遇窘迫，很多人都看不起他。市井中有个年轻人想欺辱韩信，就对他挑衅说："你虽然身材高大，还佩戴长剑，但不过是个懦夫罢了。"又当着众人羞辱他说："不怕死就拿剑杀了我，怕死的话就立刻从我胯下钻过去。"韩信思索了一下，没有拔剑，竟然真的从那人胯下钻了过去。于是围观者大笑，以为他不过是个怯懦之人罢了。对于这件事，韩信后来说："我其实并非真的怕他，而是没有杀他的道理，如果就因为计较些许小事而杀人，那我也不过就是个莽撞的匹夫罢了，还哪里会有我的今天呢？"

毛遂和韩信，谁是强者？也许很多人都会说是毛遂。确实，毛遂虽然一直没有受重用，但没有怀疑自己的能力，而且抓住机会勇敢地表现自己，为自己争取了发出光芒的机会。然而这不代表着韩信就是弱者。他的强大在于谨慎与顺应，故而才能够全力以赴，能够专注地做事。试想，如果韩信一气之下真的杀了那个挑衅的年轻人，他的人生也许就是另外一番光景。

除非我们只想要一个铁骨铮铮的烈名，否则不要学项羽空有一身傲骨却不能忍辱负重。如果我们的目标是最终的成功，那么就要学刘邦，暂时的示弱换来最后的天下。真正的强者，在于能够观察分析时势，估计情况的变化，从而做出相应的改变。再来看看两个外国故事。

一个是俄国沙皇亚历山大一世的故事。在1805年的奥斯特利茨战役和1807年的弗里德兰战役中，俄军被法军打得大败，实力大大减弱。刚登基的亚历山大一世重整旗鼓，与拿破仑展开了新的较量。与以往不同的是，这次他使用了新的"壮举"，卑躬屈膝地讨好对方，处处表现出退让的姿态，以屈求伸。

1808年，拿破仑决定邀请亚历山大在埃尔特宫举行会晤。这次会晤，是拿破仑为了避免两线同时作战，用法俄两国的伟大友谊来威慑奥地利。

亚历山大认为目前俄国的力量不足以对抗拿破仑，所以他佯装同意拿破仑的建议，并向他"献媚取宠"。有一次看戏，当女演员念出伏尔泰《俄狄浦斯》剧中的一句台词"和大人物结交，真是上帝恩赐的幸福"时，亚历山大一脸真诚地说："我在此每天都深深感到这一点。"这使拿破仑非常满意。

又一次，亚历山大有意去解腰间的佩剑，发现自己忘了佩戴，而拿破仑把自己刚刚解下的宝剑赐赠给亚历山大，亚历山大装作很感动的样子，热泪盈眶地说："我把它视作您的友好表示予以接受，陛下可以相信，我将永不举剑反对您。"拿破仑对他也彻底消除了戒备。1812年，俄法之间的利益冲突已经十分尖锐，这时亚历山大认为俄国已做好准备，于是借故挑起战争，并且打败了拿破仑。

亚历山大总结经验教训时说："拿破仑认为我不过是个傻瓜，可是谁笑到最后，谁就笑得最好。"亚历山大伪装自己，使拿破仑放松了警惕，又暗中壮大自己的势力，最终打败了对方。

另一个是英国女王伊丽莎白一世的故事。伊丽莎白有个同父异母的姐姐玛丽，在父亲和弟弟先后去世后，玛丽继承了王位。玛丽与妹妹伊丽莎白的关系相当紧张。1554年，她指责伊丽莎白与在肯特郡发动起义的托马斯·怀亚特有联系，将伊丽莎白关进伦敦塔，此后又流放到伍德斯托克。为了免遭女王和她的谋臣的迫害，聪明机智的伊丽莎白被迫处处假意顺从，不参与任何政治活动。

有一次玛丽女王派了个密探，装扮成过路的一位绅士，在伊丽莎白住的庄园附近马车坏了，请求借宿一夜。喝咖啡的时候，密探故意流露出对玛丽女王的不满之意，可伊丽莎白却装得茫然不知的样子，说她从不谈国事。伊丽莎白就是靠着机智和伪装才幸存下来，在庄园里过着近似隐居的生活，直到玛丽女王去世。

一个强者不一定要时刻处于胜利者的状态。心中藏着自己的终极目标，为了这个目标而忍耐退让，这不仅不是低下无能的表现，反而是强者最让人佩服、最过人的本事。

小节更惹注意，细节决定成败

小节上的一丝不苟常可赢得很高的称赞。因为小节更易为人注意，而施展大才的机会犹如节日，并非每天都有。因此，举止彬彬有礼的人，一定能赢得好的名誉。

——摘自《培根人生随笔·论礼貌》

细心的人可能会发现，很多人身上都有一个很有意思的情况，那就是穿得最多的不是自己最漂亮的衣服，写得最多的不是自己最好看的笔记本，背得最多的不是自己最心爱的那个包包。我们所有被标注了"最"字的东西，往往都是被珍而重之地收藏着，只有在重要场合才舍得拿出来使用。

施展大才的机会对于老天爷来说也是一个被标注了"最"字的物品，它不舍得拿出来给人们，所以平时我们都只能在小节上表现自己的品质，而别人也更多依靠这些小节上的品质来评价我们。

一批耶鲁大学的应届毕业生被导师带到华盛顿的国家实验室参观。坐在会议室里，学生们等待着实验室主任胡里奥的到来。

这时，一位秘书给大家倒水，同学们表情木然地看着她，其中一个甚至问道："有黑咖啡吗？天太热了。"

秘书说："真抱歉，刚刚用完。"

轮到一个叫比尔的学生，他轻声地说："谢谢，大热天的，你辛苦了。"

秘书抬头看了他一眼，虽然这是客气话，却让她感到温暖。

门开了，胡里奥主任走进来，打着招呼，不知为什么，会议室里静悄悄的，没有一个人回应。比尔左右看看，犹豫了一下，鼓了几下掌，同学们这才稀稀落落地拍起手来。

胡里奥主任挥了挥手，说："欢迎同学们到这里参观。平时，都是由办公室负责接待，而我和你们的导师是老同学，这一次，由我亲自给大家讲一些有关的情况。同学们好像都没有带笔记本，秘书，请你拿一些实验室印的纪念手册，送给同学们。"

接下来，更尴尬的事情发生了，大家随手接过胡里奥主任双手递来的纪念手册。

胡里奥主任的脸色越来越难看，这时，比尔站起来，身体微倾，双手接过纪念手册，恭恭敬敬地说："谢谢您。"

胡里奥眼前一亮，拍拍比尔的肩膀："你叫什么名字？"

比尔照实作答。

两个月后，在毕业生的去向表上，比尔的去向栏里赫然写着某军事实验室。几个同学找到导师，说："比尔的学习成绩最多算是中等，凭什么选他，而没选我们？"

导师笑着说："比尔是人家国家实验室点名要的。其实，你们的机会完全一样，你们的成绩还比比尔好，但是，除了学习，你们要学的东西还有很多，礼貌便是重要的一课。"

细节容易被人忽视，反而更能体现一个人的真实品质。坚持在日常细节中表现优秀，而不只是在重要时刻才超常发挥，这样的人更能让人感觉可靠和信赖。比尔就是因为这样而获得实验室主人胡里奥的青睐。

像这批耶鲁大学生那样，我们常常在等待展示才能的机会，反而白白把机会给放走了。因为我们在等待的时候放弃了细节，却不知道这些细节也是表现的小机会，它们聚合在一起的影响力，往往比一次重大机会的影响力更巨大。

别浪费时间这种金钱

> 因为时间与事业的关系，有点像金钱与商品的关系。做事情费时太多，就意味着买东西付出了高昂的代价。
>
> ——摘自《培根人生随笔·论迅速》

我们常说，时间就是金钱，但是懂得珍惜金钱的人很多，懂得珍惜时间的人却很少。为什么会这样？这是因为我们通常觉得握在手里的金钱很少，但拥有的时间却很多很富裕。然而大多数人都忽略了一个关键问题：一个人，即使一分钱都没有，只要他足够努力，总会得到金钱；而时间却是既不能逆转，也不能贮存，失去了，就再也找不回来了。这里有一个故事：

木晓走了大半天的路程，正感觉有点劳累时，突然发现了一家茶社。移步而入，一股柔缓的轻音乐淡淡地由耳底润入心田，有一股说不出的舒适惬意。

这是一家"素面朝天"的小店，没有奢华的装饰，亦没有精美的茶具，甚至很少见到来往穿梭的服务生。一条原木的柜台，一个优雅的女人端坐在侧内，看到有客进来，也只是莞尔一笑。那笑声很是清淡，笑容也舒展得恰到好处，宛若一朵幽幽盛开的茉莉。

一开始，木晓还十分不能适应这里略显怠慢的服务态度，坐了半天，竟然不见有一个服务生招呼，禁不住一嗓子喊出去"服务员——"，突然发觉所有的人都朝她的方向看，这才意识到了自己的冒失打扰了大家，禁不住耳根发红。

服务生是一个十分懂事的女孩，连连向木晓道歉，并解释说，进来半天，没见她招呼，原本以为她只是坐坐就走，所以没敢打扰。

木晓不仅诧异，忙问道："仅仅是坐坐，不点饮品也可以吗？"

"当然可以。你如果不想喝点什么的话，我们这里还有免费为您提供的报刊，需要的话我可以拿给你。"服务生微笑着答道。

"那我若是想喝点什么呢？"木晓继续问道。

"我们这里的咖啡和茶水都是明码标价的，您可以任意选择。您若是在这里坐得太久的话，我们还会付给你'时光补偿费'。时间从进店后点了东西的时候开始计算，如果超过一小时，我们就会开始为您补偿。"服务生继续回答，仍然是一脸春风。

商家还会给顾客付"时光补偿费"，这木晓还真是第一回听说，于是，迫不及待地想知道这是为什么。

服务生的回答让木晓不禁心灵为之一颤。她说，这很简单，您到我们店里消费，就势必要购买我们的饮品，这样一来，你就要付费给我们，然而，享用一份饮品并不需要多长时间，如果你超出我们的规定时间的话，那就意味着是我们占用您的时间了。您完全可以用这段时光去做些别的事情，而您却选择留在了我们店里，所以是我们耽误了您啊，所以，当然要付给您"时光补偿费"了。

木晓大为疑惑。那若是遇到无聊的顾客，赖在你们的店里不走，怎么办呢？

你知道这个美丽的服务生是怎样回答的吗？

服务生说："假如您在我们店内点了饮品并超时没有续点的话，我们每小时会付给你两元的'时光补偿费'，我们的营业时间是9：00——22：00，共营业13小时，您最多超时12小时，我们会毫不犹豫地付您24元的'时光补偿费'，而这样的12小时，您将会失去和错过多少生命中美好的事物啊！恐怕没有哪个人会傻到向时光乞讨的地步吧！"

那天，木晓在这家茶社共坐了45分钟，喝了一杯清茶，结账的时候，柜台里的老板除了开具了发票，还送了一张诗意的收据给她，收据的正面写了这样一句话：在这里，你恰当地释放了你生命当中的一段美妙时光，共计45分钟。

木晓走出这家茶社，回头一瞧，才发现这家茶社的名字这么特别：谨慎时光。

就像木晓所担心的那样，生活中的确有人会什么也不买，却在一些店铺里待一整天，只为了享受店里的环境和不收钱的服务。他们以为这笔账算得非常高明，自己占了便宜，却不知自己已经付出了高昂的代价，因为他们忽略了时间的价值。

美国英雄本杰明·富兰克林在写于1748年的《给一个年轻商人的忠告》中说："假如一个人凭自己的劳动一天能挣十先令，那么，如果他这天外出或闲坐半天，即使这期间只花了六便士，也不能认为这就是他全部的耗费；他其实花掉了，或应说是白扔了本可以挣得的五先令。"

我们的人生只有短短的几十年，年轻力壮能够大有作为的黄金时间更是少之又少。如果在这些有限的宝贵时间里，我们不去为理想奋斗，不去做一些有意义的事情，那么我们绝不是在享受人生，而是在虚度人生，是在使我们的黄金时间贬值。

"谨慎时光"，多么真诚而睿智的建议啊。我们的确应该谨慎地去思考有关时间的任何买卖。

养成良好的做事习惯

> 习惯真是一种顽强而巨大的力量。它可以主宰人生。因此，人自幼就应该通过完美的教育，去建立一种好的习惯。
>
> ——摘自《培根人生随笔·论习惯》

习惯，指人们逐渐养成而不易改变的行为。关于习惯，我国有句谚语形容得非常贴切：习惯之始，如蛛丝；习惯之后，如绳索。在习惯养成之前，我们要坚持做一件事情是很难的，就像蛛丝，轻轻一扯就会断；但是习惯一旦养成，它就好像绑缚我们的绳索，要挣脱它就不是那么容易了。法国思想家蒙田曾说，习惯在我们身上建立起权威之前，总是表现得温和而谦恭，但在它成功扎根在我们身上之后，就露出凶悍而专制的面目，使我们丧失自由。现代畅销书作家高汀也说："习惯，我们每个人或多或少都是它的奴隶。"下面大象的故事就是一个很好的例子。

在印度和泰国，经常会看到大象被人用细细的链子牵着，不挣扎也不反抗。人们在感叹这陆地上个头最大的动物反而最温顺的同时，却不知大象的敦厚温良也是培养出来的：当大象还是小象的时候，驯象人用粗铁链将它拴在水泥柱或钢柱上，无论它怎么挣扎都无法挣脱。小象渐渐地习惯了不挣扎，直到长成了大象，可以轻而易举地挣脱链子时，也不挣扎了。

小象是被链子绑住，而大象则是被习惯绑住。

习惯的影响之大由此可见一斑。习惯一旦形成，就会影响我们生活的方方面面，霸道地控制我们的行为。然而由于人都有好逸恶劳的天性，在需要付出和努力的时候常常很难坚持，所以坏习惯总是很容易建立，好习惯却很难树立起来。比如，我们可以毫不费事地养成睡懒觉的习惯，但要养成天天晨跑的习惯就比较难。所以说，有些时候，我们失败了，甚至败得一塌糊涂，却不是败给了谁，而是败给了我们的某种习惯、某种思维定式、某种习惯的性格倾向！这就验证了蒙田的另一句话："习惯使原本未必办不到的事变得办不到了。"

所以，青少年们应该从小就养成良好的做事习惯，而坏习惯也要从小预防和根除，要不然就会"小时偷针，大时偷金"，小时候的小毛病铸成长大以后的大错。这并不是危言耸听，社会上有许多例子都在为我们敲响这个警钟。2009年8月份，福建省泉州市洛江区警方破获一起"富家公子"连续抢劫案，犯案嫌疑人之一的何某就是从小被家里人过分宠爱，经常偷拿家里的钱不受责备，沉迷电脑游戏寻刺激也被纵容，才导致后来为了寻找刺激而抢劫，以致触犯法律获刑的悲剧。

习惯是一点一滴、循环往复、无数重复的行为动作养成的。好习惯、坏习惯，均是如此，都是在不断地重复中慢慢形成的。习惯的形成大致分三个阶段：

第一阶段：1—7天左右。此阶段的特征是"刻意，不自然"。你需要十分刻意提醒自己改变，而你也会觉得有些不自然，不舒服。

第二阶段：7—21天左右。不要放弃第一阶段的努力，继续重复，跨入第二阶段。此阶段的特征是"刻意，自然"。你已经觉得比较自然，比较舒服了，但是一不留意，你还会回复到从前，因此，你还需要刻意提醒自己改变。

第三阶段：21—90天左右。此阶段的特征是"不经意，自然"，其实这就是习惯。这一阶段被称为"习惯的稳定期"。一旦跨入此阶段，你已经完成了自我改造，这项习惯就已经成为你生命中的一个有机组成部分，它会自然而然地为你"效劳"。

心理学家研究指出，一项看似简单的行动，如果能坚持重复21天以上，就会形成习惯；如果坚持重复90天以上，就会形成稳定习惯；如果能坚持重复365天以上，想改变都很困难。因此，想要建立良好的做事习惯：第一，坚持这个习惯21天。第二，让自己清楚地了解到新习惯带来的好处，因为感情远远比理性的强迫更有动力。第三，把它当作一个试验。像一位科学家一样，把培养习惯当作一次尝试，而非一个心理斗争。这将有助于集中对待，随时调整和正确对待结果。第四，远离危险区。远离那些可能再次触发你的旧习惯的地方。第五，用更好的东西替代你失去的东西，比如，如果戒掉了做事拖拉的习惯，那么你做事的效率会大大提高。第六，将计划写在纸上，并告诉你的朋友，给自己一种压力。第七，保持简单。建立习惯的要求只需要几条就可以了，保持简单，从而更容易坚持。第八，不要追求完美。一步一步地做起，不要指望一次就全部改变。

成功，就是简单的事情反复地做。之所以有人不成功，不是他做不到，而是他不愿意去做那些简单而重复的事情。所以，只要你开始做，并一天一天地坚持下去，你就会取得意料之外的效果。

多一份谨慎，少一份损失

所罗门曾经说过："忠告带来安全。"对于一种事业，如果事前没有经过反复的推敲、斟酌、计议，就难免在执行中出现难以预料的差错，其行进好似一个醉汉。

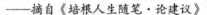

——摘自《培根人生随笔·论建议》

古希腊数学家毕达哥拉斯说："三思而后行，以免做出愚事。因为草率的动作和言语，均是卑劣的特征。"其实，言行谨慎给我们带来的好处，不仅是可以避免卑劣，更重要的是可以避免危险和灾祸。

下面这个寓言故事，就能很好地说明这一点：

夏天一丝风也没有，天气干燥得让人嗓子都冒烟，大河的流水在减少，小溪的水更少了，小池塘就别提了，全被太阳烤干了。

池塘里有两只青蛙，它们渴得"呱呱"乱叫。其中一只青蛙对另一只说："朋友，人类这时候还有个屋子可以躲避烈日，就是小虫子也能钻到地底下乘凉。就数我们可怜了，池塘干了，就没处可去了！"

另一只青蛙说："可别这样想，我们现在就离开这里，找个更适合我们的地方待着。"

说着，两只青蛙离开了池塘，它们一路蹦跳，来到一口水井旁。一只青蛙没有细想，低头就要往下跳。另一只青蛙赶紧拉住同伴说："千万别下去，这可不是闹着玩的。如果这口井的水也干了，那你怎么上来呢？"

可是那只青蛙没听劝告，毅然跳入了井中，结果井果然干涸了，而它自己也爬不上来，只能待在井底了。

就像培根所说，做事前不谨慎，就像是喝醉了酒，那么走起路来必定摇摇晃晃，说不定就会撞到什么东西上，造成不良后果。比如说，吃鱼不谨慎会扎刺，交友不谨慎会掉入深渊，银行业稍不谨慎就会账目错乱，警察稍不谨慎就会出现错案，医生稍不谨慎就会出现人命，签合同不谨慎会丢钱……所以说，"谨慎使得万年船""多一份谨慎，少一份损失"。

春秋时期，吴越之间经常起争端。公元前497年，吴国大败越国，越王勾践委曲求全向吴国求降，给吴王夫差当奴仆。在大夫范蠡的帮助下，越王勾践终于骗得夫差的信任，3年后，被释放回国。勾践为了不忘国耻，就每天晚上睡在柴草上，坐卧的地方也悬着苦胆，每天吃饭之前都要先尝一口苦胆。经过10年的奋斗，越国终于打败了吴国。

辅助越王勾践报仇雪恨的主要是两个人，一个就是范蠡，另一个则是文种。勾践在灭掉吴国后，因范、文二人功劳卓著，便要拜范蠡为上将军，文种为丞相。但范蠡觉得功高震主，君主只能共患难，不能同富贵，于是他收拾细软，带上家属悄悄远去，改名陶朱公，归隐经商。

范蠡离开后，还惦记着好友文种，于是就派人悄悄送了一封信给文种，在信上告诉他：你也赶快离开吧，我们的任务已经完成了。勾践心胸狭窄，只可与他共患难，不能同他共富贵，并告诉他："飞鸟尽，良弓藏，狡兔死，走狗烹。"但是，文种不相信越王会加害自己，坚持不肯走，还回信说："我立下这么大的功劳，正是该享受的时候，怎么能就这样离开呢？"果然在文种当丞相不久，勾践就给他送来一把剑，同时带了这么一句话：先生教给寡人七种灭吴的办法，寡人只用了三种，就把吴国给灭了，还剩下四种没有用，就请先生带给先王吧。文种一看，就明白了，后悔当初没有听范蠡的话，无奈之下只好举剑自杀了。

范蠡和文种，同为越国立下汗马功劳，一个谨慎小心，懂得功成身退，一个贪恋享受，不懂急流勇退，结局迥然不同。

谨慎是一种生活的态度和倾向。持有此种态度的人，会对事物做整体的、细节性的考虑，小心评估利弊得失，并且反复思量自己的决定和行动所造成的结果，他们经常是深思熟虑的，注重长期、实质的结果，远超过短期、表面的利益。

那么如何才能做到谨慎呢？首先，做事三思后行。下面有一个关于狼的故事：

寒冷的冬夜里，一匹狼疲倦地在路上走着。它已经好几天没有进食了。牧羊人总是紧紧地跟在羊群的身旁，使狼一点下手的机会都没有。迫不得已，狼只好到村庄里走一走，看能不能捉到几只鸡或鸭来充饥。

忽然，传来一阵小孩子的哭啼声，狼循着声音走了过去，想看看发生了什么事。原来是有一个小男孩哭着要吃糖块，而他的外婆却坚决不给，所以小男孩就放声大哭起来。

这个老婆婆看见外孙哭个不停，觉得很烦，就骗小孩说："不要哭了！你如果再哭我就把你送给野狼吃掉！"

狼站在窗外，听见老婆婆说的话，以为老婆婆真的会把小孩送给它吃，就在外面等。于是它站在外头等了许久，又冷又饿的它就快要支持不住了。

这时候，狼又听到老婆婆在哄她的小外孙。老婆婆这次却很坚定地对小外孙说："乖乖不要怕。如果狼敢跑来这里吃小孩的话，我一定马上把它杀死。"

狼听了，觉得很失望也很奇怪地说："这个老婆婆怎么说话不算数呢？"

我们要吸取狼的教训，不能只看到表面现象就信以为真，思考问题要从不同角度出发，深入、仔细思考问题，反复核实，查找资料，咨询专家，确实无误再进行。

第一，放下利益，放松心态。

第二，必须考虑后果。

第三，急则无智，不要急忙处理事情。

有些事需要默默去做

> 假如一个人具有深刻的洞察力，随时能够判断什么事应当公开做，什么事应当秘密做，什么事应当若明若暗地做，而且深刻地了解这一切的分寸和界限——那么这种人我们认为他是掌握了沉默的智慧的。
>
> ——摘自《培根人生随笔·论伪装与沉默》

　　在我们所受的教育里，磊落光明的做事方式是一直被提倡和推崇的，但这并不意味着一切事情都必须挑明了去做。有些事情，我们默默地去执行，对某些行为的看法，我们不公开发表评论，这样往往能像国画中的留白那样，收到更好的效果。

　　留白，顾名思义，就是在作品中留出相应的空白。一幅画之所以要留白，是为了使画面构图协调，减少构图太满给人的压抑感。同样的道理，我们说话做事如果太过直白，容易给人咄咄逼人的紧迫感，反而使对方忽略了我们的用意。不管是对人对事，适当的沉默是一种智慧，能带给别人更多的感动，和更深刻的体悟。

　　这里有一个故事：读初二时，刘浩迷上了上网，放学后常常偷偷钻进网吧。就是在那时，刘浩的心灵受到了黄色网站的侵袭。一天，刘浩禁不住一个长发青年的游说，高价买了一副有着撩人心魄、让人脸红心跳的画面的扑克牌。

　　从此，刘浩几乎成了那副扑克牌的精神囚徒，一遍一遍地偷看，一次又一次地幻想……慢慢地，刘浩变了，变得孤僻了，喜欢一个人待在角落里；变得寡言少语了，一吃过饭就扎进屋里……这一切，只有刘浩自己最清楚：全都是因为那副扑克牌。

若不是那次意外，也许刘浩命运的河流从此会在14岁那年改变方向，流向一个不知名的地方。

那天上完体育课后，刘浩突然发现放在桌洞里的那副扑克牌少了一张！那时同学都很单纯，如果同学或老师知道了自己沉迷于这种见不得人的东西的话，那他们一定会把自己当作一个流氓看待的！

那是一张红桃K，刘浩记得很清楚。他怕运动时那副扑克牌掉出来，所以上体育课前特意把它放进桌洞里。他一次又一次地仔细排查着它所有可能出现的地方，但杳无踪影。

接下来的几天里，刘浩被那张"丢失"的扑克牌折腾得心神不宁。他觉得自己很坏，很肮脏，甚至三五个同学在一起小声说笑也都让他紧张不已。

那剩下的53张扑克牌从此像烫手山芋一样，让刘浩不知如何是好。想把它藏起来，唯恐不小心被人翻出来；想将其烧掉或扔掉，却心有不舍。最后刘浩只得把那副扑克牌放进裤兜里，不敢看，也不舍得扔。

刘浩这才知道，当初买下它是大错特错。

眼看就要进行期末考试了，同学们都在专心致志地复习，而刘浩却无论如何也调节不好情绪。

一天下午放学，班主任突然叫住了刘浩："你到我办公室来一下。" 刘浩心里忐忑不安，一定是平素严厉刻板的班主任发现自己这段时间不对头，要"修理"自己了！

"眼看就要考试了，同学们都在用功复习，唯独你心神不宁的，怎么回事？"

"没，没什么。老师，我也在努力……"刘浩声音颤抖，语无伦次。

"你是个爱学习、肯用功的孩子，这一点老师看得一清二楚。"班主任顿了顿，轻轻地拍了拍刘浩的肩，意味深长地说，"这段时间我一直在注意你的变化。我的儿子也跟你一般大，我明白发生在你们这个年龄段的孩子心理以及身体上的变化，这都是正常的，但一定要处理好，要树立起正确的价值观，不利于身心健康的东西要坚决抵制！"

刘浩的心倏地跌进了万丈深渊。然而老师话锋一转："你最近成绩下降得很厉害，不过你基础打得牢，只要好好用功一定能赶上的。我这有一本辅导书，上午我给儿子买时顺便给你买了一本，你拿去看吧。老师希望看到的是一个懂得如何善待青春、战胜自己的孩子，而不是一个误入歧途不能自拔的学生。记住，青春期的迷惑与压抑每个人都会经历，关键是要给它们找个合理的出口……"

刘浩不知道是如何捧着老师的那本书走回教室的。回到座位上，他轻轻打开那本散发着油墨香的书，一张刺眼的扑克牌映入眼帘，正是他丢失、遍寻不着的那张！

原来，那天刘浩匆匆把它们塞进桌洞去上体育课时，不小心将这张滑了出来，被前来检查教室的班主任发现并收了起来。班主任为了保护一个正值青春期的男孩的自尊心不被伤害，故意将这张扑克牌压了下来。她没有严厉批评、指责刘浩什么，却让刘浩有了从此与不健康事物决裂的决心。

当天，刘浩把那54张扑克牌同一块石头一起裹进报纸里，狠狠地投进河里。他想，随滚滚河水一起流逝的，不仅仅是一副扑克牌，而是一段有些晦涩的青春往事，以及内心深处的那份恐惧与迷茫。

很难想象，如果班主任不懂得沉默的智慧，将这件事情依照规定来严肃处理的话，自尊心深受打击的刘浩将会变得多么消沉，或者在逆反心理下变得多么叛逆。

生活中，我们与之打交道的是人而不是机器，他们会有自己的思考，会在接收到的信息基础上思考和加工。所以，我们不需要每个步骤都啰唆地解释。我们只需要在旁边默默看着，发现他们偏离轨道的时候才拨转回来。

经验和学问同等重要

> 求知可以改进人性，而经验又可以改进知识本身。人的天性犹如野生的花草，求知学习好比修剪移栽。学问虽能指引方向，但往往流于浅泛，必须依靠经验才能扎下根基。
>
> ——摘自《培根人生随笔·论读书》

现代社会是一个教育普及的社会，有学问的人因此越来越多。然而，有学问不等于有真本事，知道不等于能实践，许多知识丰富的人，做起事来却是比没有上过学的人还笨拙，这就是"眼高手低"的现象。

导致这样一种现象出现，是因为人们注重书本知识的吸收，却忽略了动手能力的培养，以及生活经验的积累。如果我们不在学习书本知识的同时也加强实践，那就始终是"纸上谈兵"，对现实毫无益处。

战国时期，赵国有一位名叫赵括的人，是大将赵奢的儿子。赵括从小读了不少兵书，谈起兵法来就滔滔不绝，连他父亲都不如他。然而赵奢却从未赞扬过儿子，反而常常担忧地说："日后赵国不让赵括带兵还好，如果让他带兵打仗，他必会断送了赵国的前程。"过了几年，赵奢死了。

有一年，秦国大举进攻赵国，赵国派老将军廉颇迎敌。廉颇让军队坚守城池，以逸待劳，不主动出击，保存实力把住阵地，从而拖垮秦军。秦军十分恐慌，于是施计派人悄悄潜入赵国散布流言说："秦军谁都不怕，就怕赵括担任大将。"赵王正在为廉颇在前线毫无进展而闷闷不乐，听到流言便撤掉廉颇，换上了赵括。

赵括一到前线，便开始胡乱指挥起来。他完全改变了廉颇的策略，不以守为攻了，却想着要和秦军硬拼，还调换了不少将领，弄得人心惶惶。秦军得知后，一天深夜，派一支队伍偷袭赵营，刚一交战，便假装打不过要逃跑。同时，秦军又悄悄派兵切断了赵军的粮道。赵括中计，命令部队紧紧追击。结果，赵军追了一段后就被秦军伏兵拦腰截断，使赵军首尾不能相顾。然后，秦军一齐杀出，将赵军团团围住，各个击破。这时候，赵括满肚子的兵法也不知如何施展。眼看守下去也是活活饿死，便率军拼了命往外冲。可是哪里冲得出去。结果赵括被乱箭射死，40万赵军也全军覆没。从此以后赵国就一蹶不振。

赵括脑子里存储了大量的兵法，但不代表他就会运用这些兵法。我们学到的任何知识，归根到底，都是为了能够应用到现实生活之中去。然而现实生活是瞬息万变的，同一个知识，在不同的情况下，它的表现往往有所不同。就比如我们掌握了一条数学定律，但不一定就会做所有与之有关的数学题。对这些不同情况的区分，靠的就是经验的积累。

我国古代就非常重视实践。明清时期中央最高学府国子监就有一项实习历事制度，监生在国子监内学习到一定年限，都要被分派到政府各机关"先习历事"，即进行教学实习。在实习期间，学生轮流在中央和地方各部门接受实践锻炼，主要任务是学习处理各种政事。朝廷十分重视这种实习制度的贯彻实施，每次实习之前，都先将历事监生人数通知各衙门，然后各衙门按需接收吏事生，若有剩余则由吏部统一分配。接收历事生的各衙门要教之政事，并且有责任考察其勤惰。历事生历事期满经考核达标，才可奏请吏部附选，"遇丰缺官，按次取用"，为正式官吏。

培根曾说："知识本身并没有告诉人怎样运用它，运用的智慧在于书本之外。这是技艺，不体验就学不到。"真正的智者，不会偏重学问而忽视经验，也不会固守学问和经验而忘记变通。我们要生活得自在，就不能无知，也不能被知识束缚。

展露才能需挑准时机

> 炫耀于外表的才干徒然令人赞美，而深藏不露的才干则能带来幸运，这需要一种难以言传的自制与自信。西班牙人把这种本领叫作"潜能"。一个人具有优良的素质，能在必要时发挥这种素质，从而推动幸运的车轮转动，这就叫"潜能"。

——摘自《培根人生随笔·论幸运》

有句话说得好："出头的椽子先烂。"出头椽子，总是比不出头的椽子要承受更多的风吹雨打，日复一日，年复一年，自然也比别的椽子要腐烂得早。同样的道理也适用于我们的生活，那些喜欢高调地炫耀自己的成就的人，往往更容易遭到别人的嫉妒，要承受更多的舆论压力。所以，人们在风光尽显之时，一定要学会用低调的盾甲保护自己，否则，就有可能将自己置于危险的境地。三国时期的杨修就是一个例子。

杨修是曹操手下的一位谋臣，他才华出众，在揣摩、分析、判断、预见自己的主子曹操的心理活动方面，相当准确、迅速、敏捷，并具有一定的前瞻性。

有一次，曹操令人建一座花园。快竣工了，监造花园的官员请曹操来验收察看。曹操看后，是好是坏、是褒是贬一句话也没有说，只是拿起笔来，在花园大门上写个"活"字，便扬长而去。工匠们不懂什么意思，便向杨修请教。杨修笑道："丞相是嫌门太阔了！"原来"门"中加个"活"字是"阔"。曹操知道后，表面上称赞杨修的聪明，内心却已开始忌讳杨修了。

曹操常怕人暗中加害他，就对人说："我梦中好杀人，因此大凡我睡着了，你们不要靠拢来。"一天午睡时，他的被子掉落在地，侍从慌忙捡起给他盖上。当时曹操并未睡着，拿起剑，一剑就把侍从给杀了，接着又睡。半天后起来，假装问："是谁杀了他？"众人都说："是您在睡梦中杀的。"曹操痛哭，令人好好抚恤那个侍从的家人。曹操这次装模作样的表演自然又没有逃过杨修的眼睛。杨修了解曹操的意图，就对别人说："丞相非在梦中，你才是在梦中啊！"曹操知道后，更加厌恶杨修。

杨修最后一次表露聪明是在曹操自封为魏王之后，那时，曹操亲自率领大军进攻汉中，被诸葛亮连败几次，进退不能。正当犹豫不定的时候，厨子呈进鸡汤，曹操看见碗中有鸡肋，因而有感于怀。就在此时，夏侯惇入帐请示夜间口号。曹操随口说道："鸡肋！鸡肋！"夏侯惇传令众官，都称"鸡肋"。杨修见传"鸡肋"二字，便命令左右收拾行装准备回去，左右问他原因，杨修说："鸡肋上没有多少肉，吃起来无味，丢掉了可惜。魏王现在进不能取胜，退又怕人笑话，在此没有好处，不如早归，所以我猜魏王要退兵了。所以先收拾行装免得临行慌乱。"夏侯惇知道后，也命令军士收拾行装。于是寨中各位将领，无不准备归计。当夜曹操心乱，不能入睡，就手按宝剑，绕着军寨独自行走。见寨内军士准备行装，大惊，斥问道："我没有下达撤军的命令，谁竟敢如此大胆，作撤军的准备？"夏侯惇说："杨修已经知道大王想回归的意思。"曹操心意再次被杨修猜中，这次他大怒道："你怎敢造谣乱我军心！"说罢不由分说，命人将杨修推出去斩了。

有人说：你聪明是好事，但若是让别人知道你比他聪明，就变成了坏事。杨修就是心气太高，太爱表现自己，终究为自己的一生编写了悲剧性的结局。

一个人有才不是错，但是不能适当地表现自己的才能，恃才傲物，就是错了。当然，这并不是说，聪明一定都要隐藏下去，在适当的时机、合适的场合显露一下既有必要，也属应当。况钟就是这样的人。

明宣宗时期，苏州府知府有缺，后经过大臣推选和皇上考察，最终选定了况钟。苏州府是全国最难治的一个地方。这里豪强污吏相互勾结利用，百姓赋税繁重，生活困苦，一批一批地出逃外地。

况钟一到任上，就"难得糊涂"起来。开初，府里的小吏们抱着公文，围着况钟，请他批示。这些油嘴滑舌的小吏们也知道"知彼知己者，百战不殆"的道理，他们想借机看看况钟如何处理政务，察言观色，了解况钟的性情，见机行事。况钟假装不懂政务，瞻前顾后地问小吏。如果小吏说可行，他就批准；如果小吏说不可行，他就不批准，一切都按小吏的意图办事。小吏们非常高兴，私下里以为这位新来的知府很好糊弄过去。殊不知就在他们骂况钟是笨蛋的时候，况钟也在暗地里细心地观察着他们，哪些小吏执政公正，哪些小吏庸碌无能，哪些小吏贪赃枉法，他都一一看在眼里，记在心里。

就这样，小吏们为所欲为了一段时间，他们眼中什么都不懂的新知府突然一反常态，召集部属责骂道："某件事应该做，某某不让我做；某件事不应该做，某某强行我做！你们有些人长期以来玩弄这种手段，罪当死！"说完，当堂拿出他收集到的证据。在确凿的证据面前，小吏们俯首认罪。况钟将作恶多端的贪官污吏逐一法办，当场就处决了其中6个罪大恶极的奸吏。随后又顺藤摸瓜，一举罢免了12名县级贪官庸吏的官职。苏州府从此大治。

况钟先糊涂后聪明的做法，值得我们深思。古语说：真人不露相，露相非真人。适当低调，适当含蓄，给别人留有足够的神秘感，是保存自己实力的重要手段。如果把才华尽显，就让他人摸清了我们的分量，抓住了我们的软肋，从而轻易就将我们打倒在地。若能把才华隐藏起来，让人觉得看不清你的实力，别人也就不会轻举妄动。试想，若况钟一上任就依法办事，小吏们必定投其所好，掩饰、伪装自己的恶性。所以，聪明的人应该懂得，有才华但不事事、时时表露出来，不该表露的时候"难得糊涂"，而该表露的时候也绝不含糊。

荣誉感可以激发斗志

> 对于军人来说，荣誉心是不可缺少的，因而正如钢铁因磨砺而锋利一样，荣誉感可以激发斗志。在冒险的事业中，豪言壮语也可以增加胆力，审慎持重之言反而使人泄气，它们是压舱铁而不是船帆，应当被藏于舱底。
>
> ——摘自《培根人生随笔·论虚荣》

德国著名军事家克劳塞维茨曾如此表述："在一切高尚的感情中，荣誉心是人的最高尚的感情之一，是战争中军队获得灵魂的生命力。因此，在战争中唤起士兵的荣誉心，往往可以收到士气倍增的效果。"

在战争中激发将士们的荣誉心，能够凝魂聚气、鼓舞斗志。在法国大革命中横空出世的拿破仑，认为"战争的推动力不是恐怖而是荣誉"，坚持"不用皮鞭用荣誉管理军队"，从而创造了战争史上的奇迹——在其一生亲自指挥的50多场战役中，以少胜多的竟占一半以上。

在军人眼里，荣誉具有任何金银财宝都无可比拟的价值。荣誉可以给军人的心灵以慰藉，使军人的精神得到满足，使军人的贡献得到特殊回报。不过，荣誉心虽然每个人都会有，却需要特别的培养才能够激发无穷斗志。

在美国西点军校，每届新生进来，都会看一部老电影《西点军魂》，让学生知道，西点军校的传统是什么，并了解一旦穿上这套制服，别人对他的期望就会不一样。因为这套制服代表着，西点军校荣誉心与责任感的优良传统。

"荣誉"是西点军校的校训之一，违反荣誉守则的学生是不可宽恕的。欧美许多学校的考试，有所谓"荣誉制度"：教员在出题以后，立刻退出教室，并不监考；他只在黑板上写一个大字，就是"荣誉"。万一有人作弊，不但学校立刻把他开除，而且这个人从此不齿于同学。1951年，西点军校有90名学生在考试时抄袭，被全体开除，任何人不能挽回。

正是如此严厉的处罚，使每一个西点学生都不敢玷污集体与个人的荣誉，因此需要异常严格地要求自己，保持进步。

荣誉对于普通人来说，也是一种强大的精神力量，是一个人成长、进步的动力源泉。按照心理学家的分析，荣誉感和成就感是人们高层次的需要。一个人在事业上做出了成就，他需要得到社会或他人的承认。当人们的行为受到赞誉，就会觉得自己的努力已经得到他人的认可，就能在一定程度上，满足自己在荣誉和成就方面的欲望，从而受到鼓舞，发挥出更大的积极性。

荣誉是外界对一个人的行为、品质、涵养、学识、成就的肯定，每个人都有得到他人认同、争取荣誉的内在需要。德国的哲学家包尔森说："我们不能想象没有强烈的对荣誉之爱，而伟大的事业可以表现。"

为了满足荣誉心的需要，人们往往可以克服一些平常难以克服的困难。

英国海军统帅纳尔逊（1758—1805年），曾率领舰队在海上击败了当时不可一世的拿破仑，而成为风云全球的人物。他小时候，同他哥哥在一个学校读书。一次，时值寒假终了由家返校，途中，突然风雪大作，寒彻人骨，他的哥哥就劝阻他前进，一起返回了家。他父亲知道了这个情况，当即严肃地说："今天遇着风雪，你哥俩归不归校我不干涉，可由你们自己决定。但是，你们青年人应该懂得：凡是做一件事都应该做成功，这是大丈夫应具有的气概，也是搞好事业的荣誉心。如果遇难而退，那还有什么脸面见父母呢！"纳尔逊听完父亲的教训后，立即同哥哥顶着风雪向学校赶去。半路上，他的哥哥又生退意，纳尔逊便厉声说："哥哥，你怎么又忘记父亲教育我们做事要有荣誉心呀。"于是哥俩顶风冒雪回到了学校。

荣誉心就是知耻心。树立起强烈的荣誉心，我们就会告诉自己，这份工作、这个事业，只要挂上我的名字，它就代表我，我就必须尽力做到尽善尽美，以不辜负别人对我名字的期望。

第六章

呵护友谊，完善交际

没有友谊的世界是荒漠

　　友谊对人生是不可缺少的。如果没有友情，生活就不会有悦耳的和音。在没有友谊和仁爱的人群中生活，那种苦闷正犹如一句古代拉丁谚语所说："一座城市如同一片旷野。"人们的面目淡如一张图案，人们的语言则不过是一片噪音。

——摘自《培根人生随笔·论友谊》

　　友谊是人生的一道门，有了它，我们才能在心与心之间自在地来往穿梭。世界如果缺少友谊和仁爱，就会变成牢笼，把每个人都锁在自己的心里。

　　然而友谊并不是天然存在的，它需要人际沟通来培养。当人们连基本的信任都失去，当我们把"不要跟陌生人说话"的信条彻底执行时，友谊就会被扼杀在萌芽状态，人间这片沃土则会变成荒漠。

　　方同在美国柏克莱念博士的时候，结识了一位美国好友约翰。他的太太非常和善，常邀单身汉的方同到家里吃晚饭。尽管约翰夫妇都是学生，收入不多，可家里却布置得很舒适，窗台上摆满各色各样从旧货摊上买来的瓷娃娃。

　　他们先后拿到博士学位，各奔前程。约翰从事感测器研究，自己开了一家公司，用感测器做防盗器材。他用电脑设计，生意越做越大，成为美国最大的保安系统公司老板，身家已达4亿美元。

　　有一年圣诞节，方同去拜访约翰。约翰带方同去看他的系统展览室，方同才知道现在的汽车防盗系统几乎全是他们的产品。给方同印象最深的是一种信号产生器，体积极小，孩子带了，父母便可以知道孩子在哪里。他还发现，美国很多监狱都由他们设计安全系统，以防犯人逃脱。

那天大雾，约翰开车带方同到他家去。那里是纽约州的乡下，是有钱人住的地方。约翰的家拥有很大的庄园，没有围墙，但有3层红外线保护，除非乘飞机，否则绝不可能闯入，如果硬闯的话，不仅附近的警卫会知道，家里的罗威纳犬也会大举出动。

约翰唯一的女儿在哈佛念书，那一天要开车回来。到了6点，女儿还没到家，他们夫妇有点不安。原来，这个女孩子厌恶有钱人的生活方式，开一部老爷车，也不肯带移动电话，他们担心她的老爷车会中途抛锚。

他们一直等到8点，才接到女孩子的电话，果然，她的车子坏了，现在在别人家里，要约翰前去接她。

约翰要方同陪他一起去接女儿，雪已经很大。他女儿落脚的地方是一幢小房子，屋主是个年轻男孩，一脸稚气。他女儿告诉约翰和方同，车子坏了以后她曾去呼救，没想到家家户户都装了爸爸公司设计的安全系统，使她完全无计可施。总算有一家门口有个电话，可是屋主坦白地告诉她，自己是弱女子，她丈夫不回来是不敢放她进去的，因为她不知道会不会受骗。

年轻的男孩子一面给约翰和方同倒热茶，一面发表他奇特的看法。他说，家家户户都装了安全系统，耶稣到哪里去降生呢？可怜的圣母玛利亚可能连马槽都找不到。

约翰听了这些话，内心受到极大的触动，他一再感谢这个年轻人，并真诚地邀他一起吃晚饭。年轻人立刻答应了。

晚餐摆在一张长桌上，一位脸上没有表情、穿制服的仆人来回送菜，每一道菜都很精致，每一种餐具都讲究无比，可是方同想起当年在约翰家厨房吃饭的情形，觉得当年的饭要好吃得多。

第二天，约翰送方同到机场。下了车，他无意中碰到另一部汽车，那车立刻警铃大作，这又是约翰的杰作。他们假装没在意，可方同看到了约翰一脸不自然的表情。

一年以后，方同忽然在《华尔街日报》上看到一则消息，约翰将他的公司、豪宅卖掉了，得到4亿多美元。他在记者会上宣布，自己只留下一个零头，用4亿美元成立了一个慈善基金会。他们把自己的家安在了偏僻的乡下，在附近一家专科学校教书维生，那里没有一家人用安全系统。

借着去开会的机会，方同拜访了约翰的新家，那是一个完全对外开放，且放满了瓷娃娃的温馨的家。那天，约翰告诉方同为什么他最后决定放弃一切。他的公司得到了一个大合同，改善整个加州监狱的安全系统。他发现，加州花在监狱上的钱比花在教育上的还多，而他呢？越来越有钱，却越来越像住在监狱里似的。美国人一向标榜"自由和开放"，而实际上越来越将自己封闭起来，越来越使自己失去自由。约翰决心不再拼命赚钱，只为了找回失去了好久的自由。

约翰在送方同去车站的路上说，他还有一些钱，他的女儿不会要，等他和太太都去世了，就全部捐出去。

方同告诉约翰，自己好佩服他，因为他已经捐出他的所有。他忽然一笑，告诉方同他仍有一样宝物没有捐掉。方同大为好奇，问他是什么。他用一张小纸写了下来，叫方同等车开以后再看。

火车开了，方同打开那张纸，看到上面写的是——"我的灵魂"。

约翰的发明虽然保护了千家万户的生命财产安全，却也拉开了人与人之间交往的距离，使社会缺少了信任和交流这两种养分，所以培育不出美丽的友谊之花。一个缺乏友谊的社会，是自私的、冷漠的，是连耶稣都无法生存的。

友谊将快乐加倍，将忧愁减半

实际上，友谊的奇特作用是：如果你把快乐告诉一个朋友，你将得到两个快乐；而如果你把忧愁向一个朋友倾吐，你将被分掉一半忧愁。所以友谊对于人生，真像炼金术士所要寻找的那种"点金石"。它既能使黄金加倍，又能使黑铁化金。

——摘自《培根人生随笔·论友谊》

开心的时候，我们将快乐与朋友分享，会觉得这份快乐变大了，因为这个世界又多了一个快乐的人，这是我们的功劳，我们为此感到自豪。难过的时候，我们向朋友倾诉悲伤，会觉得悲伤变小了，因为朋友会分掉我们一半的悲伤，让我们少了重负，感觉力量增强了，战胜悲伤的决心也更加坚定了。

漠不相关的人，可能会嫉妒我们的快乐，或者耻笑我们的悲伤，又或者对我们的悲喜无动于衷。唯有好朋友，是真心和我们一起欢笑一起哭，开心时祝福，难过时安慰。友情就像是生活的化妆师，它将我们稚拙地扑在脸上的妆粉，细心地涂抹得浓淡适宜。

文妍那一年考到北京读研的时候，曾经有过犹豫，每年6000元的学费，让她犹豫了许久。最终，强烈的求知欲望让她决定贷款供自己再读三年。

班里总共12个人，清一色全是女孩。每日读完书，一群女子最乐意做的，就是聚在一起叽叽喳喳讨论时尚衣饰、明星运程、旅游名胜。文妍喜欢这群热情的女孩，亦喜欢安静地坐在她们旁边，听她们得意地挑着眉胡吹神侃。文妍从没有因为自己经济困窘，而自动地与她们这一群生活优越的女孩分清界限。而她们，也从没有因为她衣着朴素，而不屑与她聊起新款的阿迪、耐克。

但文妍还是在那一年的秋天里偶尔感到了一丝想要逃避的凉意。她从她们的口中，了解到全国各地许多好玩的去处和诱人的小吃。她们怀揣着诚挚的浪漫，决定在这三年里，将12个人所住的城市，不仅逛遍，而且吃遍。这个决定一出来，文妍便有些黯然。每到一个城市，由"东道主"负责一切旅游费用的豪爽策略，是她无法承受的。但她的确不想扫大家的兴，只好悄无声息地退到一边去，等着她们商量出最终的行程路线后，再找一个合适的理由退出。

最终，她们决定抽签来确定三年的旅游线路。班长将12张纸条，郑重地放在桌子中间，很酷地一伸手，指指坐在身旁的文妍，笑道，今天我这班长，为自己谋点私利，谁有幸挨在我右边，谁就先抽。她看一眼眉飞色舞的班长，笑一声，便将手伸向桌子，又略一停顿，便拿起其中的一个。她刚一拿起，其余11只手，便飞速地将纸团全部捏起。她还没有打开，周围的人便高声嚷开了自己的顺序。班长则在一旁，迅速记了下来。大家挤闹成一团，文妍是最后一个将自己的号码告诉班长的。事实上，不用告诉，班长也从记录里毅然地断定她是最后一个了。她幸运地成了最后一个。她想，三年的时间，足够她挣一笔路费，请她们去安静的小镇上玩。这应该算是自己回馈给她们这份姐妹情谊最好的礼物了。

文妍跟着她们，在这三年里，走遍了许多个城市，上海、广州、厦门、西安、南京。每到一个女孩的家乡，她们的父母都会尽最大的热情来招待这一群手足情深的女孩。吃饭、住宿、车票，全都给她们免掉。她们所要做的，就是疯跑遍整个城市，且将它所有的特色之处，一一收进记忆的行囊。文妍在这样的愉快里，总会下意识地摸一摸口袋，那里有她专门的一张银行卡，卡中是她一点一点积攒的一笔钱。她知道，当毕业来临，她的钱也就够了。三年的时间很快过去。在这三年里，每一次的集体活动，她都会参加，她都没有为费用而发愁。

轮到文妍来埋单的最后一次旅行。她将攒好的2000元钱点了又点，知道足够来回的路费，便微笑着给她们发短信说，我们去做最后一次旅行吧。那时的她们，正在为各自的工作四处奔波，但为了这次驶向终点的出行，11个女子，皆从全国各地聚拢了来。就在出发的前一天，导师突然打电话给文妍，说："你们可真是不讲义气的小女子，这最后一次出行，也不邀请我去。" 文妍呆愣片刻，随即愧疚，说，老师，如果您真能抽出空来，跟我们一起去，大家都会高兴坏了呢。

那次出行，女孩子们轮番拍导师的马屁，直拍得导师假意嗔怒："早知道你们心里的花花肠子了，放心吧，我会大方地把没花完的经费拿出来，赞助你们来回路费的。"一群女子皆哗哗地鼓掌，说，我们替小妹谢谢老师哦。接着她们一脸羡慕地转向文妍，说，小妹，到了小镇，你可要好好做一桌家乡菜，感谢我们为你大力拍马屁哦。一车厢的人皆笑。而她却在这样突如其来的幸福里，扭头落下了眼泪。

离别两年后，文妍上网，看到一个同门师妹的博客，讲起她们声名远播的"金陵十二钗"，这才知道，她们为她，守了一个怎样的秘密。那次抽签，所有的纸条上，都写着12。甚至，在最忙的毕业前夕，她们集体去求导师，让他帮忙，给她最后一个免费出行的理由。她们究竟为她，在三年里，编下多少个理由，埋下多少次单，她都记不清了，但她却知道，那朵永远不会绽放的秘密之花，会为她记得，这一世都不会凋零的温情。

贷款求学的生活本来是很清苦的，但因为有了11个女孩儿的友谊相护，文妍也拥有了不必为费用发愁的欢快时光。这种由苦到甜的转变，只有友谊这位伟大的魔术师才能办到。

过去的日子都会成为未来的回忆，成为我们的精神花园的一部分。想让这个花园多一些芬芳与美丽，我们就应该多培育友谊之花，由它储存阳光与温暖，驱走乌云与寒凉。

好朋友胜过灵丹妙药

> 然而除了一个知心挚友以外，却没有任何一种药物可以治疗心病。只有对于朋友，你才可以尽情倾诉你的忧愁与欢乐，恐惧与希望，猜疑与烦恼。总之，那沉重地压在你心头的一切，通过友谊的肩头而被分担了。
>
> ——摘自《培根人生随笔·论友谊》

当身体不舒服的时候，我们都会去找医生看病开药；当心里不舒服的时候，我们则多会找朋友聊天倾诉。因为好朋友就像灵丹妙药，能让我们布满阴霾的心情变得轻快明朗。最重要的是，心灵的最致命疾病是孤独，而友谊恰好是治疗孤独的最有效的药方。

德诺10岁那年因为输血不幸染上了艾滋病，伙伴们全都躲着他，只有大他4岁的艾迪依旧像从前一样跟他玩耍。离德诺家的后院不远，有一条通往大海的小河，河边开满了五颜六色的花朵，艾迪告诉德诺，把这些花草熬成汤，说不定能治他的病。

德诺喝了艾迪煮的汤身体并不见好转，谁也不知道他还能活多久。艾迪的妈妈再也不让艾迪去找德诺了，她怕一家人都染上这可怕的病毒。但这并不能阻止两个孩子的友情。一个偶然的机会，艾迪在杂志上看见一则消息，说新奥尔良的费医生找到了能治疗艾滋病的植物，这让他兴奋不已。于是，在一个月明星稀的夜晚，他带着德诺，悄悄地踏上了去新奥尔良的路。

他们沿着那条小河出发。艾迪用木板和轮胎做了一只很结实的船。他们躺在小船上，听见流水哗哗的声响，看见满眼闪烁的星星，艾迪告诉德诺，到了新奥尔良，找到费医生，他就可以像别人一样快乐生活了。

不知走了多远的路，船破进水了，孩子们不得不改搭顺路汽车。为了省钱，他们晚上就睡在随身带的帐篷里。德诺的咳嗽多起来，从家里带的药也快吃完了。这天夜里，德诺冷得直发颤，他用微弱的声音告诉艾迪，他梦见200亿年前的宇宙了，星星的光是那么暗那么黑，他一个人待在那里，找不到回来的路。艾迪把自己的球鞋塞到德诺的手上："以后睡觉，就抱着我的鞋，想想艾迪的臭鞋在你手上，艾迪肯定就在附近。"

孩子们身上的钱差不多用完了，可离新奥尔良还有三天三夜的路。德诺的身体越来越弱，艾迪不得不放弃了计划，带着德诺又回到家乡。不久，德诺就住进了医院。艾迪依旧常常去病房看他。两个好朋友在一起时病房便充满了快乐。他们有时还会合伙玩装死游戏吓医院的护士，看见护士们上当的样子，两个人都会忍不住地大笑。艾迪给那家杂志写了信，希望他们能帮忙找到费医生，结果却杳无音信。

秋天的一个下午，德诺的妈妈上街去买东西了，艾迪在病房陪着德诺，夕阳照着德诺瘦弱苍白的脸，艾迪问他想不想再玩装死的游戏，德诺点点头。然而这回，德诺却没有在医生为他摸脉时忽然睁眼笑起来，他真的死了。

那天，艾迪陪着德诺的妈妈回家。两人一路无语，直到分手的时候，艾迪才抽泣着说："我很难过，没能为德诺找到治病的药。"

德诺的妈妈泪如泉涌，"不，艾迪，你找到了。"她紧紧地搂着艾迪，"德诺一生最大的病其实是孤独，而你给了他快乐，给了他友情，他一直为有你这个朋友而满足……"三天后，德诺静静地躺在了长满青草的地下，双手抱着艾迪穿过的那只球鞋。

的确，正如德诺妈妈所说，艾迪为德诺找到了治病的药，那就是友情。他的陪伴，他的关怀，他的安慰，还有他的寻医问药，都让德诺感受到了别人漫长一生都可能接触不到的温暖。所以德诺的人生虽然短暂，却也非常满足。

人生不管长短，如果不快乐，那都是生了病的。有病的人生会比有病的身体给我们带来更多的痛苦，所以，朋友是我们一生最需要常备的"药"。

朋友也是智慧的源泉

> 有人曾对波斯王说："思想是卷着的绣毯，而语言则是打开的绣毯。"所以有时与朋友作一小时的促膝交谈可以比一整天的沉思默想更能使人聪明。
>
> ——摘自《培根人生随笔·论友谊》

在学习中我们可能经常遇到这样的情况，一个问题我们怎么苦思冥想也得不出答案，然后说与朋友听，朋友只是换一个角度复述了一遍这个问题，我们就能从中得到提示，很快找到答案。这个原因往往不在于智力的高低，而是我们的思维容易走入死角而不自知，这时，一个轻轻的点拨便有起死回生的功效。

另外，一个人不管多么聪明，总会有他的思维触不到的地方，就好比我们的眼睛，视力再怎么良好也看不到自己的后背。所以，对一个问题的思考，在我们看来是面面俱到了，在别人的角度看来还可能是非常片面的。因此，不管是学习还是做事情，与朋友商量着进行，往往能让我们增长许多智慧。

晚上八时，纪小桐仍在加班。她又把刚刚做了一半的策划方案给推翻了，这已经是第三次了。这次的客户是台湾人，很挑剔，又是第一次合作，无论如何都得做一个精品出来。

路过宣传总监唐思琪的办公室时，纪小桐突然想，等到这个方案做出来，不知道这个宣传总监又会有什么举动。唐思琪总能找出对纪小桐策划的反驳意见，虽然那些反驳不足以致命，但绝对会影响大家对纪小桐百分之百的肯定。

早上八时，纪小桐准时到达会议室。在座的只有唐思琪一个人，纪小桐冲她笑笑，便把目光投到手中的笔记本上。五分钟后，史密来了。他是中方的总裁，也是纪小桐和唐思琪的最高上司。史密先说了话："你们俩一个是企业宣传的总策划，一个是总监，经过公司高层的再三研究，决定确定一个企宣经理，这个人选从你们两人中产生。剩下的那个，我们只能说抱歉，因为我们将取消原来的那两个职位。"

"目前公司不正在替那个台湾人做策划吗？你们俩各拟一份方案过来，就这样。"史密冲她们笑笑后离开了。

握着前一天晚上赶出来的初稿，纪小桐心里生出了许多感慨：为公司卖了三年命，想不到有一天会有人跟自己说地位不保。难怪有人说外资企业不能进，因为有想象不到的残酷。

纪小桐翻看以前的旧例，想总结唐思琪的习惯，好对症下药，结果却发现曾经的那些痛点居然都被唐思琪找在点子上，如今看来似乎不佩服她也是不行的。

第三天，史密打电话过来问宣传策划的进展，言语中似乎有看好唐思琪的意思，也不知是真有意还是假有心。

纪小桐觉得自己陷进了一个怪圈里面，一方面觉得唐思琪确实有值得佩服的地方，一方面又被公司逼着必须要跟她"决一生死"。在挂掉电话后，她做了一个大胆的决定，拿起那几经修改的方案进了唐思琪的办公室。

显然，唐思琪有些意外，继而也实言相告："其实我也想找你谈谈，我发现自己打不开思路，若有一个大框架就好多了。"原来她也是有很大难处的。

唐思琪接过她的初稿仔细看过，认真提出了两个意见。纪小桐暗暗吸气，果然慧眼，自己又没有发现。

星期四上午，纪小桐和唐思琪分别上交了自己的策划方案，内容都很全面，不同的只是项目的顺序和具体的陈述方式。

史密通知纪小桐到他的办公室一趟。史密一脸严肃："上次的策划方案，那个台湾商人很满意，已经决定采用了，不过……"史密话锋一转，"唐思琪的方案跟你的差不多，根本看不出你们俩谁的更高明些，所以我们还有个加试。现在，你要给你和唐思琪打个分，注意，分数不能一样，只能一高一低。"

自己当然觉得自己好，但唐思琪的确是不错的。纪小桐想了一想，给自己打了99分，而给唐思琪打了99.1分。她的理由是，自己是非常好的，唐思琪若是好过自己，也只是好上一丁点儿。

二十分钟后，纪小桐正在收拾行李准备走人时，史密又打电话叫她过去。她有些微微的恼，难道非得当面宣布辞退决定才肯罢休吗？典型的外国人作风，不留情面。

唐思琪也坐在那里，一脸茫然。纪小桐忐忑地坐下。突然听到史密大声笑出来：“你们俩都很能干而且要强，这几年一直都没有很好地合作，所以公司决定找个机会看看你们在紧要的时候是团结还是产生冲突，结果你们站在了一起。现在你们应该明白，再强的一个人也只是180度，而且你们都把高分给了对方，这更让我们满意，公司就需要能够看到别人长处的人。”史密把她们的手拉过来，“合作吧，你们就是最棒的。”

接下来的日子，纪小桐还是总策划，唐思琪还是总监，只是她们把办公室搬到了一起，因为成功只属于懂得取长补短的人们。

从纪小桐的故事中，我们可以知道，再强的一个人也只是180度，但有朋友的人却可能兼顾另外一个180度，因为自己的眼睛看不到的，有朋友的眼睛帮忙看着，就不会有遗漏。

生活中，我们可能偏重于结识聪明的朋友，这样与他们交往的时候，就可以“听君一席话，胜读十年书”。不过这并不是朋友可以使我们增进智慧的唯一原因。俗话说，“三个臭皮匠赛过诸葛亮”，朋友给我们的一个很重大帮助，是为我们思考问题提供了新鲜的角度和方向。

拒绝孤独，积极与人交往

> 毕达哥拉斯曾说过一句神秘的格言——"不要啃掉自己的心"。确实，如果将这句比喻讲得明白一些，那么就可以说，那些没有朋友的人，就是自己啃啮自己心灵的人。
>
> ——摘自《培根人生随笔·论友谊》

一个没有朋友的人是孤独和可悲的。因为我们生活的这个社会是一个需要互相扶持的社会，我们任何人都不可能不依靠别人而独立生活。无论我们住在什么地方，学历高低，从事何种职业，将来有什么样的成就，都离不开与他人的交流，离不开别人的帮助与支持。

有人曾做梦被邀请去参观天堂和地狱，在那里，他懂得了一个人拥有朋友的重要性。

梦中，他来到一间二层楼的屋子，楼下写着"地狱"，楼上写着"天堂"。他好奇地进入第一层楼，看到的是一张长长的大桌子，两旁都坐着人，桌上摆满了丰盛的佳肴，可是没有一个人能吃得到。原来大家的手臂受到了诅咒，全都变成直的，手肘不能弯曲，而桌上的美食，夹不到口中，所以个个愁苦满面。

但是他听到楼上却充满了欢愉的笑声，于是他上楼一看：同样的也有一群人，手肘也是不能弯曲，但是大家却吃得兴高采烈。因为每个人的手臂虽然不能弯曲，但对面而坐的人彼此协助，互相帮对方夹菜，结果大家都吃得很尽兴。

天堂与地狱的差别，原来就是有没有朋友的差别。拥有朋友，可以尽享美食，可以共享快乐；没有朋友，就只能坐着独自忍耐忧愁与痛苦。

其实，人是高度社会化的动物，需要与外界相接触，与他人相接触，没有一个人是愿意孤独的，都需要朋友的照应。

美国心理学家沙赫特做了这样一个实验：他以每小时15美金的酬劳邀请他人进入一个完全与外界隔绝的小房间。那里没有报纸、信件、电话，也不让其他人进去，甚至于连钱包也不让带进去。结果有5个人应试，其中一个人在里面仅仅待了2小时，3个人在里面待了2天，只有1个人在里面待了8天，这个待了8天的人出来后说："如果让我再在里面待1分钟，我就要发疯了。"

这个实验表明了，孤独可以使人发疯，因为它啃噬了人的灵魂。人都是害怕孤独的，都愿意与他人在一起，满足心理需要，进而达到身心的健康。

在生活中，积极地与他人交往，建立起良好的人际关系，这既可以满足自己的精神需要，又可以及时调整自己，使自己更好地适应生活、适应学习、适应工作、适应社会，更好地发挥自己，提升自我。

人不能没有朋友，需要建立一个良好的人际交往圈。心理学家曾经指出，人类的心理适应其实就是人际关系的适应，具有良好人际关系的人，心理健康水平越高，对挫折的耐受力和社会适应能力就越强，在社会生活中也就越成功。因此，在生活中，我们要提高的不仅是自己的生存能力、学习能力和办事能力，更应该锻炼自己的交际能力。只有善于与人交往，将自己和谐地融于社会之中，我们才会拥有更多的朋友，拥有更多的快乐。

选择信诚的人做朋友

> 须知："大地上本无信诚。"只是这也并不意味着一切人都如此，总有人生性就是诚实、坦率、可信任的。君主应当善于发现和使用这样的人，并且依靠他们监督和防范那些假公济私者。
>
> ——摘自《培根人生随笔·论建议》

培根认为，一个国君，应该选择诚实、坦率的人来辅佐自己。诚实、坦率的人，首先不会欺骗自己，不会昧着良心做些贪赃枉法的事情；同样，诚实、坦率的人，也不会欺骗他人，国君任用这样的人，自然不会受到蒙蔽，对治理国家也会大有好处。这个道理同样适用于选择朋友上。

一个小青年整天在自己的父亲面前炫耀自己有那么多的好朋友，炫耀自己的朋友是多么讲义气，多么优秀，整天跟着自己所谓的这些好朋友一起出去喝酒、游逛……

终于，父亲忍不住了，说："儿子，你整天说你的朋友有多么多么的好，那我现在跟你做个试验吧！"说完，父亲找来一只鸡杀了，将鸡血涂抹在儿子身上。儿子很迷茫，问父亲这是干什么。父亲说："你只跟我走就是了。"于是父子俩出了家门。

父亲带儿子来到他认为最好的朋友的家。见面后，父亲先是问候了几句，然后说："你是我儿子最好的朋友，我儿子在家也整天念叨着你，现在我儿子出了点事，错手杀了人，你看你们的关系那么好，你能不能想办法帮帮我儿子啊？"朋友的脸变得僵硬，勉强笑了笑说："叔叔，你们快先回家吧，我会想办法的。"没等这位父亲再说话就赶快转身回家关了门。儿子对"朋友"的举动很是不解，父亲只是笑了笑。

父亲领着儿子又去了第二、三、四……个朋友那里，一直走了三天三夜，才把儿子所有的朋友拜访完。然而这些朋友的回答全都大同小异，都是让他们快点回家等消息。

又过了三天，父亲带着儿子再次来拜访这些朋友。然而这些朋友已经搬家的搬家，关机的关机，一个都联系不上了。

应该选择什么样的朋友？也许有人说，要选志同道合的，要选性格相投的，要选善解人意的……先看看孔子的说法。《论语》中，孔子提出交友择友的忠告"宁缺毋滥"。孔子说："益者三友，友直，友谅，友多闻，益矣；友便辟，友善柔，友便佞，损矣。"正直、坦荡、刚正的朋友，诚实、不做伪的朋友，见闻广博的朋友，都是有益的朋友；谄媚拍马的朋友，两面派的朋友，还有那些夸夸其谈、花言巧语的朋友，都是有害的朋友。可见，孔子认为交友，首要考虑人品，正直、诚实的人朋友是他所推崇的。

应该如何选择朋友？那就是说：少听甜言蜜语，多体会真心诚意。

温友庆下岗后，一时找不到工作，闲着无事，打算回小县城暂居一段时间，但又怕信息不灵，误了找工作的机会。因此临走前，便请十几个特铁的哥们吃了一餐。酒酣饭足脸红耳热之时，温友庆趁机要哥们帮忙留意一下招工信息。王东涨红着脸嘟囔道，这算多大点儿事，我们兄弟多活动活动，帮大哥找份轻松活。"对！"朋友们神情激昂，拍胸脯拍大腿保证，一有什么信息立刻通知大哥。

温友庆看到哥们如此群情激昂，含着泪说："谢谢！谢谢！"这时，一直在喝闷酒的张强站起来，歪着脸向温友庆劝酒，建议他回县城开一店面，弄些钱解决温饱，静心发挥特长，自由自在的，比找什么工作都强多了。此话一出，热闹的场面突然安静下来了，大伙全瞪着张强。温友庆不高兴了，心想：这人真不够朋友。于是只将联系电话告诉其他几个，便黯然离开。

温友庆回到县城，整天待在家里无事干，人也没了精神。妻子劝他在家看看书，写点东西什么的，别让事憋死人了。可他老惦记城里的工作，惦记哥们帮他找到工作后打电话来。他往往写一会东西，瞧一下电话机。如果有事外出，一回来就慌忙去翻看电话的来电显示，然而半点音讯也没等到。

半年后的一天晚上，温友庆看完央视的新闻联播，折进房间里看书，烦躁地东翻翻西翻翻。这时，张强裹着寒气闪身进来。温友庆给他温了酒，责怪他不预先打个电话，好去接他。张强说："你又不给我留个电话，害得我急火火跑来。江中市晚报招记者，报名截止是明天中午，我是专程来通知你的。"

温友庆应聘当上了记者，在友谊酒楼请朋友们喝庆祝酒。喝着喝着，王东大声说："晚报招聘广告一登出来，我就打电话过去了，嫂子接的。我知道大哥准成，嘿……来，喝酒。"温友庆心里掠过一丝不快。接下来，一哥们说广告公司招人，打了好几次电话却找不到大哥。另一个说IT通信公司招业务主管，我还帮大哥报了名，打了几次电话也联系不上。

一个比一个说得动听，温友庆的脸却越来越沉。这时，一言不发的张强站了起来，举起酒杯说："大家都为大哥的再就业操碎了心，都出了不少力。现在我们不说这些，大家都来喝酒，干！""对，干！"声音嘈杂而高亢。

刚失业时，张强说的话最不中听，却是切实为温友庆着想的好建议；找到新工作，张强的功劳最大，却依然保持友好的沉默。选择朋友就应该选这样的，也许嘴巴笨拙点儿，心灵却足够真诚。一个人的朋友不必求多，但要求真，一生当中能拥有这样的朋友，哪怕只有几个，也该知足了。

讲礼貌好比穿衣，宽紧需得宜

礼仪是微妙的东西。它既是人类间交际所不可或缺的，却又是不可过于计较的。如果把礼仪形式看得高于一切，结果就会失去人与人真诚的信任。因此在语言交际中要善于找到一种分寸，使之既直爽又不失礼。这是最难又是最好的。

礼貌举止正好比人的穿衣——既不可太宽也不可太紧。要讲究而有余地，宽裕而不失大体，如此行动才能自如。

——摘自《培根人生随笔·论礼貌》

人际交往中，礼貌就像一条纽带，联系着一个个独立的个体。如果这条纽带系得太松，它所联系的个体就会脱落，但如果绑得太紧，他们又会被勒伤。所以，待人接物的礼貌要讲究，要宽紧得宜。

其实，礼貌就像我们穿衣，不能太紧也不能太宽，不能太厚也不能太薄。因为太紧了会难受，太宽了又不合身；太厚了会热出汗，太薄了又会冷着。那么，怎样的礼貌才是恰到好处的呢？我们不妨向华人首富李嘉诚虚心取取经。

一次，著名商人李嘉诚先生请客人参加晚宴。他提前半个多小时就来到了饭店。客人走出电梯时，看到李嘉诚正满面春风地站在电梯门口迎候着，一边向他们含笑致意，一边发名片。发完名片之后，李嘉诚微笑着拿出一些上面有阿拉伯数字的纸片，让客人们随便抽取一张。一开始，客人大惑不解，经过李嘉诚身边人的解释，他们才知道，他们抽取的号码是作为照合影相时每个人所站的位置用的。这样，合影的时候，迅速快捷，井然有序，没有出现乱哄哄的现象。照相后，李嘉诚又让大家抽号，这次抽取的是就餐时的席位。大家在抽取号码时，当然都希望和李嘉诚来个近距离接触。没有抽到"好号"的感到有些失望，李嘉诚显然注意到了这种情况，他笑着说："没关系，不管什么号码都一样。"

就餐之前，李嘉诚发表了热情洋溢的致辞。因为被邀请的有几个外国朋友，他就先用汉语讲一遍，然后又用英语讲一遍。宴会开始了，李嘉诚依次到每个餐席上坐了15分钟。他站起来向每个客人敬酒，和每个客人都亲切交谈。宴席一共有四桌，李嘉诚正好用了一个小时。这时，客人终于明白了李嘉诚所说的"号码都一样"的含义。吃完饭后，李嘉诚一定要与大家握手道别，而且每个人都要握到，直至身边的酒店服务人员。他一直坚持送大家到电梯口，直到电梯门关上才离开。

李嘉诚由衷地去体谅别人，一视同仁，礼数周全，让每一个客人既没有受到冷落，又没有受到特殊的待遇，都愉快地度过了一段美好的时光。第二天，参加晚宴的大部分客人都打电话给李嘉诚，感谢他的盛情款待，称赞他细致周到的礼数。

我国自古是礼仪之邦，对于文明礼貌有着特别的讲究。只是，随着时代的变迁，和与世界其他国家的接触，我们日常生活中所遵行的礼仪也需要有所取舍变化。这就好比一个人不可能一辈子只穿一件衣服，也不可能任何场合都穿同一套衣服。至于什么时候该换新衣服，什么场合该穿什么款式的衣服，也即是现代的我们面对古今中外所讲究的礼仪应该怎么取舍，我们可以借鉴以下这个故事的做法。

文文跟随妈妈一起旅居意大利米兰，妈妈在一家证券公司上班，而她则进入了比可卡中学读书。

有一天放学后，妈妈兴奋地告诉文文，有好几位意大利同事要来品尝中国菜。妈妈打开客厅里的电视，又摆上零食和水果，然后进厨房开始忙碌，文文的功课也不多，就给妈妈做助手。母女俩齐动手，好不容易忙活了半桌菜，可是客人们却一个也没有来，妈妈皱着眉说："说好6点半开饭的啊，现在都6点了，怎么还是一个都没有来呢？"

文文虽然还只是一个16岁的中学生，但交往礼仪多多少少还是懂一点的，例如我们要去某个亲朋好友家吃饭，一定要提早一些到，而且最好还要帮着主人一起洗洗菜端端盘，这样才算是有礼貌啊！妈妈也觉得文文的话有道理，她想了想说，不管怎么样，先把菜烧完。

　　因为厨具不太符合妈妈平时的习惯，所以烧菜的速度也慢了许多，一直到了6点40分，才算把一整桌菜烧好了，可直到这时仍旧没有一个客人到来。妈妈掏出手机刚想打电话，门铃就在这时候响了，妈妈连忙去开门……第一位客人到了，其余的客人也在之后的几分钟内先后来到。虽然迟到了几分钟，但毕竟都来了，妈妈也就没有太"责怪"他们，大家开始津津有味地尝起了妈妈烧的中国菜。

　　本来，这事儿过去也就过去了，也没有其他什么特别深的印象或者感触，但此后的一次经历，终于让文文明白了意大利人为什么要"迟到"了！

　　那天，妈妈的一位女同事从郊区的一个农场带回了许多新鲜蔬菜，就请了几位同事去她家分享，妈妈和文文也受到了邀请。妈妈驾车接文文放学后就去接也住在附近的另一位同事布兰登，准备和她一同前往。布兰登一听说现在就去那位同事家，连忙说："不，到6点40分我们再去敲门吧。"

　　妈妈不解地问："说好是6点30分，那不是迟到了吗？我觉得我们应该提早一些去，陪她聊聊天也行，帮着她做一些事情也行。"

　　布兰登听了妈妈的话后，惊讶地说："天哪！你不仅要早一点去，还要去帮她做事情？不，我们应该注意礼貌！"看她们一脸困惑的样子，她接着说，在意大利，有人请你去家里吃饭，如果早去了，主人还在忙着烧菜，而你却坐在电视机前无所事事，这样会让对方觉得没有把你招待好；至于走进厨房去帮忙，那更是不行，因为那样会让对方感觉到你对她的劳动有某些不满，所以你才要亲自动手做事。因此，适当地迟到几分钟才是最好的礼貌！

　　文文和妈妈这时才意识到，原来"适时的迟到"在意大利是一种礼仪文化，虽然与中国传统的礼仪有些出入，但仔细想想，其实也是挺人性化的。妈妈开玩笑地对文文说："看来礼仪的表达方式还是有明显的'国界'啊，不过虽然如此，我们也需要适应并且融入其中，平时交往中只需要站在对方的立场多想一想，'国界'就自然化解了，千万不能再像上次一样在心里暗暗地责怪她们没有礼貌，回到国内也没有必要刻意学习或者模仿，毕竟我们也有我们传统礼仪的表达方式！"

妈妈驾着车带着她们兜了一会儿风，直到6点38分才来到那位请客的同事家门口。那时，门前已经有好几位同事了。文文知道，她们都是要等到6点40分才去按响门铃……

妈妈说的话是对的。在意大利的文化背景下应该遵循意大利的礼仪习惯，但如果回到了中国就没有必要再继续坚持意大利的礼仪，而应该换上中国式的礼仪。这就好像去学校上课应该穿校服，去参加晚宴应该穿晚礼服，但回到家最好还是穿家居休闲服，这样才不会显得别扭和突兀。

一个人穿衣服的基本原则，首先是让自己感觉舒适，然后是让自己显得大方得体，最后才是追求美丽。讲礼貌好比人的穿衣，也应该遵循这个原则。

动什么也别动自尊心

> 有三种情况的人容易发怒：第一是过于敏感的人。他们的神经太脆弱，一点小事就足以刺激他们。其次是认为自己受到轻蔑的人。被人轻蔑最容易激起怒气，其效果远胜于其他伤害。最后是那种认为名誉受到损害的人，也易激怒。
>
> ——摘自《培根人生随笔·论愤怒》

人与人之间的交往中，有一种伤害最隐秘，造成的伤口也最难愈合，我们需要特别注意。这种伤害就是对他人自尊心的忽视和伤害。培根上述所举的三种情况，之所以会引起人们的愤怒，就是在于伤害了他们的自尊心。

对于许多人来说，自尊心就是他们的底线，可谓"生命诚可贵，自尊价更高"。随意地去碰触他人的自尊心，即便出发点是善意的，也很难得到他人的原谅。

14年前，周小峰到镇里上高中，每周骑自行车回一次家。每个星期六下午，周小峰总会在马路上遇到同学林。他是徒步的，因为他买不起自行车。周小峰和他一路，久而久之，周小峰便成了他的义务接送员，而他总是在那个路段等周小峰。许多时候，周小峰想在学校里多待一会儿，但一想到他可能在路口等自己，就急急忙忙地骑上车去载他。

这样的日子过了一年，同学林的家境似乎有所好转，他也买了一辆崭新的自行车，而且是上海产的"永久"牌。周小峰想他们会成为最好的朋友，但事实上并非如此。自从同学林有了那辆"永久"牌的自行车后，就开始嘲笑周小峰那辆"海狮"牌自行车是如何难看，他的神情常常是鄙夷的。

那个时期周小峰对他极其讨厌，认为"忘恩负义"这个词说的就是他了。但现在来思考同学林的变化，周小峰却不再那么认为，他想也许自己的帮助对他造成了某种伤害：他把周小峰每周载他回家的事，看作是对他的一种施舍。

还有这样一件事：10年前，有个刚刚毕业的大学生一直找不到工作，每天吃住在朋友那里。大学生的自尊心极强，不好意思每天到朋友那儿吃饭，总是挨到晚上8点光景才到朋友的宿舍里来。朋友问他晚饭吃了吗，他总是说吃了。于是，朋友当时也就不在意。但有一次朋友半夜里起床上厕所，发现他人不在，到了厕所间，看到他的嘴巴对着水龙头在灌水。朋友看到这一幕，一切都明白了，他拉住大学生的手，大声说："你如果还把我当成朋友，就不要骗我。"朋友回到屋里，烧了一大碗面给他。朋友当年是看着他流着泪把面吃完的。但奇怪的是，那个大学生现在却成了和朋友关系最疏远的人。

究竟是被帮助的人忘恩负义，还是我们以爱之名做着伤害别人的事？这是一个值得我们去思考的问题。许多时候，我们总是义无反顾地帮助别人，但从来不去考虑我们所采用的方式方法，对方能不能接受。我们不能以他人良心的泯灭来解释自己的困惑，我们应该思考的是：帮助绝不是简单的物与物之间的给予，它应该是一种建立在对一个灵魂无限尊重基础上见好就收的行为。

生活中还有一种对自尊心的伤害，不是出于善意，而是源于自身的傲慢和对他人的轻视。这种伤害会引发他人的怒气，挑起对方的反击。如果我们放纵这样的行为，很可能为自己到处树敌，给自己造成巨大的损失。

很多年以前，哈佛校长曾经因为对人的不够尊重，而付出了很大的代价。

有一天，一对老夫妇来拜访哈佛大学的校长。女士穿着一套褪色的条纹棉布衣服，男的穿的是布制的便宜西服。

校长的秘书一看就断定，这两个乡下人根本就不可能与哈佛有什么业务往来。男士轻声说："我们要见校长。"秘书很有礼貌地回答："实在对不起，他整天都很忙！"女士说："这没关系，我们可以等。"

过了几个钟头，他们一直等在那里。秘书只好通知校长，校长十分不耐烦地同意接见他们。见面后，那位女士告诉校长："我们有一个儿子曾经在哈佛读过一年书，他很喜欢哈佛，他在哈佛的生活很快乐。但是在去年，他因意外事故不幸去世。我丈夫和我很想在哈佛校园内为他留一个纪念物。"

对此，校长并没有被感动，反而觉得他们提的要求很可笑，便不客气地说："夫人，我们是不能为每一位在哈佛读过书的人在他死后都立雕像的。如若那样，我们的校园看起来就会像墓地一样。"

女士说："不是，我们不是要竖立一座雕像，而是想为哈佛建一栋大楼。"

校长仔细看了一下他们的装束后，长出了一口气说："你们知不知道建一座大楼要花多少钱？我们学校的每栋建筑物的造价都要超过750万美元。"

这时，那位女士不讲话了。校长很高兴，以为这总算可以把他们打发了。那位女士转向丈夫说："只要750万美元就可以建成一座大楼，那我们为什么不建一所大学来纪念我们的儿子呢？"

随后，斯坦福夫妇离开了哈佛，到了加州，建造了斯坦福大学以纪念他们的儿子。

这位哈佛校长应该感到庆幸，因为他虽然令哈佛大学多了一个竞争对手，但并没有惹来更严重的报复。人与人之间的交往，贵在互相尊重，切忌"以貌取人"。俗谚云："不知道哪片云彩有雨。"的确，哈佛校长的教训，是应该深深记取的。

少一点猜疑，多一些信任

> 猜疑之心犹如蝙蝠，它总是在黑暗中起飞。这种心情是迷陷人的，又是乱人心智的。它能使你陷入迷惘，混淆敌友，从而破坏人的事业。
>
> ——摘自《培根人生随笔·论猜疑》

心理学教授带着一群学生做实验。他先让同学们面朝他站成两排横队，然后，命令后一排的同学做好救助准备，待他喊"开始"之后，前一排同学就往后一排相对位置的同学身上倒。他说："前面的同学别有顾虑，要尽力往后倒。好，开始！"前排的同学嘻嘻哈哈地笑着，按照教授的命令，身子一点点向后倾斜，但是，大家明显地暗自掌握着身体的平衡，并不肯把好端端的自我摺倒到后面那个人的身上；后排的同学本来已拉开了架势，预备扮演一回"救人危难"的英雄角色，但是，由于前面送过来的重量太轻，他们只好扫兴地用手接触了一下别人的衣服就算完事。

可是，这里面有个例外——一位男生在听到教授的指令之后，紧紧地闭上了眼睛，十分真实地向后面倒去。他的搭档是一位小巧玲珑的女生。当她感到他毫不掺假地倒过来时，先是微微一怔，接着就倾尽全力去抱持他。看得出，她有些力不能堪，但却倔强地抿了唇，誓死也要撑起他……她成功了。

教授笑着去握他和她的手，告诉大家说："他们是这次实验中表现最为出色的人。男生为大家表演了'信赖'——信赖是什么呢？信赖就是真诚地抽干心里的每一丝猜疑和顾忌，连眼睛都让它暂时歇息，百分之百地交出自己。女生为大家表演的则是'值得信赖'——值得信赖其实是信赖催开的一朵花，如果信赖的春风吝于吹送，那么，这朵花就有可能遗憾地夭折在花苞之中，永远也休想获取绽放的权利；当然，如果信赖的春风吹得温暖，吹得和畅，那么，被信赖的人就被注入了一种神奇的力量——就像你们看到的那样，一个弱不禁风的女生可以扶起一个虎背熊腰的男生，一只充满了爱意的手可以托举起一个美丽多彩的世界。同学们，值得信赖是幸福的，而信赖他人是高尚的。让我们先试着做高尚的人，然后再去做幸福的人吧。"

与人交往，我们当然都希望别人相信自己所说的一切。可是，如果我们首先怀疑对方，不相信对方，别人又怎么会信任我们呢？这就像照镜子，如果我们不信任它，怀疑它会显示一张不真实的脸，那么镜子回馈给我们的必然也是一张猜疑的脸。

生活中与任何人的交往，都应该少一些猜疑，多一些信任，否则我们无端的猜想很可能伤害一颗真诚的心，使世界少一分美丽，少一丝温暖。

那天，蒋兴下乡去拜访几个民间艺人。

到达那个村庄，已是正午，正是农家人歇响的时候，街道上空空的，一个人也没有。平原七月正午的阳光毒得令人心慌，即便是躲在树荫里也大汗淋漓。

蒋兴东张西望，希望能有一个路人出现。突然，一个骑自行车的人影出现在前边的一个岔道口，他刚想迎上去，倏忽之间，那人便又钻进另一条里巷，消失得无影无踪。但很快他又折回来了。这是一位老人，戴着一顶边沿已经破损的草帽，他硬生生地问蒋兴："你是干什么的？有什么事吗？"

蒋兴赶紧解释说，我是来拜访人的，但不知道他们住在哪里。蒋兴说了一个人的名字。老人一咧嘴，露出稀稀落落的牙齿说："哦，是他啊，走，我领你去。"

蒋兴要找的人正在自家门洞下忙乎着一些零碎的农活。一番寒暄之后，他们便一边乘凉，一边在门洞里谈了起来。蒋兴一回头，惊喜地发现，刚才送他来的那个老人竟然没走，就在离他们不远的一棵大树的阴凉里坐着，摇着草帽，并且有一搭没一搭地朝他们这里张望着。

他要干什么？蒋兴的脑海中迅速闪现出一个场景：好像是前年，也是夏天，他和几个同事一起下乡到学生家家访，也遇到了同样的难题。一个中年汉子倒是爽快，领着他们在那个小镇里七拐八拐，终于把他们带到了目的地。他们正要致谢，那个汉子却不含糊地说："兄弟，不能让我白忙乎吧，转悠了半天，怎么也得给买几盒烟啊！"

难道，今天，自己也必须要付出几盒烟的代价？

果然，蒋兴出来的时候，那个老人也站起身，推着自行车向他走来。蒋兴甚至能从他嗫嚅的口型中，猜出他想向自己索要些什么。

他斜倚住自行车，站定，仰着头，依旧脸膛红红的，问蒋兴："你还要到谁家去，大热天，不好找，我带你去吧……"难道他还想多要点带路费？他看蒋兴呆住了，以为蒋兴没听清他的话，又重复了一遍。蒋兴没想好如何拒绝他，就支吾着，半天才说出了一个地址。这一次，蒋兴找的地方很远，路况也不好。他和老人并肩行着，颠簸了四十多分钟才骑到地方。此时，老人的薄衫早已被汗水打透。蒋兴也有些不好意思了，说："您老辛苦了，我不去别的地方了。您等我一下，我给您买盒烟去……"老人看了看蒋兴，仿佛蒋兴侵犯了他的尊严："谁要你的东西？我走了！"说完，头也不回地走了，只留蒋兴一脸尴尬地站在那里。在这样的真诚和善良面前，恶毒的猜想使蒋兴如鲠在喉。

也许，我们真该找个时间好好审视一下自己，是否对一切人情事理，都多了一分揣度，一点猜疑，一些距离？是否常把他人没来由的帮助，当成是陷阱；掏心窝子的忠告，当成是矫情的虚伪？是否对陌生人，更是躲得远远的，避之唯恐不及？是否冷落了那些金子一般火热的心，疏远和伤害了那些善良的人？

这个世界其实并不是迷宫，每一个真诚的人都能很容易找到出路。只有当一颗心被猜疑、冷漠和绝情填满时，我们才会迷路。因为那个时候，是我们蒙住了自己的眼睛。

提供建议意味着坦诚和信任

提供建议意味着坦诚和信任。

——摘自《培根人生随笔·论建议》

建议，是指针对一个人或一件事的客观存在，提出自己的见解或意见，使其具备一定的改革和改良的条件，使其向着更加良好的、积极的方面去完善和发展。

建议的提出，往往是为了纠正一些已经存在的问题，或者将会推翻一些不同的意见。这时，被纠正或被推翻的一方，不但面子上会感到受伤，当建议被采纳实施时，更会觉得自己的利益也受到了伤害。有的人想不开，就可能认为，提建议者是有意针对他。

确实，生活中是有一些人喜欢跟别人唱反调，提建议是为了给别人难堪。不过这类人还是占少数的。更多的人，他们提建议是因为他们在乎，他们不希望建议的接受者因为得不到忠告，而遭受更大的损失。

在远古时代，有两片树林。这些树木都自然地生长，树干生树枝，树枝又生树杈，年复一年地生枝长杈，枝搭着杈，杈压着枝，枝枝杈杈交织在一起，树干又细又矮，枝杈稠密，树叶密密麻麻，遮天蔽日。

有个栽培技术高明的老爷爷看了，说："唉，这样任其长下去，还能做成什么？不成材，不成料，只能砍下当柴烧。需要整枝剪杈，修理修理才行。"

于是这位老爷爷走到一片树林里，手脚麻利地整了整枝，剪了剪杈。他修理这棵，又修理那棵。老爷爷越修剪，小树就越挺胸昂首。它们高兴地对老爷爷说："你尽情地修剪吧，我们不怕疼。"

经老爷爷修剪过的小树个个都长壮了，长高了。

老爷爷这样不分好天气和坏天气地修呀，剪呀，流了不少汗，才把这片树林修整完。

老爷爷走到另一片树林里，他挥动剪刀刚要动手，可是这些小树又是摇头又是摆手，异口同声地拒绝说："我们不剪枝，我们不打杈，剪枝打杈伤筋动骨。疼得我们死去活来，真是受罪，我们不干这种傻事。"

老爷爷劝说道："修枝打杈疼是疼点，这怕什么？一咬牙就顶过去了。你们可要知道，修整完枝杈，那就能痛痛快快地长啦！"

老爷爷一边说，一边想动手剪，冷不防被一棵小树用巴掌打在眼上，扎破眼珠，血都流出来了，眼睛什么也看不见了，变成了盲人。

于是，老爷爷忍痛摸回已修整完的那片树林里。因他的眼睛看不见了，只能摸摸这些小树，这些小树长啊，长啊，一个个都长成高大的乔木，被用去架桥、去建楼、去铺轨……老爷爷一想到这些，虽看不见，但也笑在脸上、喜在心里。

拒绝修枝打杈的那片树林，后来因其任意滋长，个个腰越来越粗，肚子越来越大，可是身子越长越矮。头和身子都分不出来了。结果，它们都长成了枝枝杈杈，不成材、不成料，成为只能当柴烧的灌木了。

试想，一个人，冒着被别人误会的风险也要提出建议，那么他应该是善良的，应该是值得体谅和感激的。就像故事中的老爷爷一样，他修剪树林，并不是为了弄疼那些小树，而是为了让它们长得更高更壮。

而相反，那些只说些甜言蜜语，却提不出任何实质性建议的人，才是我们真正要提防的人。有一个"乌鸦和狐狸"的故事：

有只乌鸦偷到一块肉，衔着站在大树上。路过此地的狐狸看见后，口水直流，很想把肉弄到手。它便站在树下，大肆夸奖乌鸦的身体魁梧、羽毛美丽，还说它应该成为鸟类之王，若能发出声音，那就更当之无愧了。乌鸦为了要显示它能发出声音，便张嘴放声大叫，而那块肉掉到了树下。狐狸跑上去，抢到了那块肉，并嘲笑说："喂，乌鸦，你若有头脑，真的可以当鸟类之王了。"

奉承是口蜜腹剑，看似是一排绚丽的浪花，实则是心海深处暗藏的一堆礁石。只有真正对你好的人才会指出你的错误，提出中肯的建议。因此，要善于接受别人的意见，特别是朋友的忠告更应该虚心听取，"良药苦口利于病，忠言逆耳利于行"。奉承的语言我们可以不去理会，但诚恳的忠告却一定要用心去听，特别是在自己有了错误的时候。

我国古代曾把门下的食客多少作为衡量一个人贤德高下的标尺，这绝非是攀比富贵，而是一个集贤纳策的好方法。不管是哪朝哪代，凡是贤明的君主身边必定会有几个或几十个忠诚的大臣或谋士，专门为君王提供建议。可以说，刘备如果没有诸葛亮在身边出谋划策，不要说是三国鼎立，就连是否能立得住脚、扯一面旗都很难说。其实，不光是君主，一个但凡有所作为的人，都非常善于接受他人的意见。

从另一方面来说，对于提供建议的人来说，注意方式方法也是非常必要的。因为就像故事中变成灌木的那片树林，不接受老爷爷的修剪那样，生活中也有很多人，因为各种原因而不愿意接受别人的建议。下面有一些技巧可供参考：

首先，提建议的时候最好是私下地、秘密地进行。我们大多数人都是爱面子的，如果在公开场合提建议，如果对方拒绝接受，可能会被人误以为没有容人的雅量。而且，如果我们的建议本来就是针对对方身上存在的问题而提出的，在公开的场合被别人知道了，也会让对方感到没面子。

其次，提建议的时候，要确保它们是客观的，不要针对对方，也不要把焦点放在整件事情的某个点上。

再次，提建议的时候不要掺入责备的话。提建议的唯一目的，是使一个不正确的情形转变为正确的，而不是责备某个人。所以，一旦我们把问题解释清楚了，就要直接讨论可能的解决办法，不要纠缠于消极的事情上，譬如谁该为这件事情而受责备。

最后，建议提出之后，不要总是对它唠叨不停。否则，居功自夸只会让对方下次拒绝接受我们的建议。

第七章

转换思路，找到出口

高速并不等于高效

> 急求速成是必须谨慎的，须知狼吞虎咽将令人消化不良。真正迅速的人，并非事情仅仅做得快，而是做得成功而有效的人，譬如在赛跑中，优胜者并非步子迈得最急或脚抬得最高者；因此在事业上迅速与否不能只用时间来衡量。
>
> ——摘自《培根人生随笔·论迅速》

有一个小孩在草地上发现了一个蝶蛹。他把它捡起来带回家，要看看蛹是怎样羽化为蝴蝶。

过了几天，蛹壳上出现了一道小裂缝，里面的蝴蝶挣扎了好几个小时，身体似乎被什么东西卡住了，一直出不来。

小孩子看着于心不忍，心想：我必须助它一臂之力。于是，他拿起剪刀把蛹壳剪开，想帮助蝴蝶脱蛹而出。可是，这只蝴蝶的身躯臃肿，翅膀干瘪，根本飞不起来，不久就死去了。

从这个故事里，我们可以体会到"揠苗助长""欲速则不达"的真谛。瓜熟蒂落，水到渠成，蝴蝶必得在蛹中痛苦挣扎，直到它的双翅强壮了，才会破蛹而去。人何尝不是如此呢？煎熬、磨炼、挫折、挣扎，这些都是成长必经的过程。妄想缩减过程而一步成功，我们最终得到的往往只会是失败。

著名华人作家刘墉曾在一篇文章里提醒自己的女儿，一味求快是不会有好收获的：

今天下午，你去上中文课之前，我看见你不断地翻书，一边翻，一边数，然后得意地说你这个礼拜读了两千多页的课外书，一定能得奖了。过去的两个礼拜，爸爸也确实看见你每天才吃完饭，就抱着书看，爸爸还好几次对你说："刚吃完饭，应该休息，让血液去肠胃里工作。如果急着看书，血都跑到脑袋里去了，会消化不良。而且刚吃饱比较糊涂，读书的效果也不好。"只是不管爸爸怎么说，你都不听，才把书放下几分钟，跟着又拿起来。你读书的样子好像打仗似的，好快好快地翻，读完的时候还大大地喘口气："哇，我又读了一本。"现在，爸爸终于搞懂了：原来你们班上有读书比赛，每个礼拜统计，看谁读得多。爸爸不反对这种比赛，它确实能鼓励小朋友多读不少书。只是，爸爸也怀疑你到底能记住多少，又读懂了多少。如果你只是匆匆忙忙地翻过去，既不能咀嚼书里的意思，又不能欣赏美丽的插图，甚至不能享受那些故事，获得读书的乐趣——你读得再多，又有什么意义呢？

读书就跟到博物馆一样。你可以"精读"，从头到尾只待在一间展览室里，研究一两样东西；你也可"浏览"，到处走走，遇到感兴趣的，就多读一下展品的说明。读书也可以像是参加"发现之旅"的比赛。大家拼命读，拼命冲，比谁读得多，谁考得好。只是到头来，很可能没见到多少，没学到多少，徒然得个虚名，却既浪费了时间又搞坏了身体。在这儿爸爸要告诉你两句孔子说过的话——孔子说："把已经学过的东西，常常拿出来温习，不是很喜悦的事吗？"孔子又说："只知道学习，却不加思索，到头来等于白学；只靠思索却不去学习，则变得危险了。"在孔子的这两句话里提到了三个词，也就是"学""习"和"思"，"学"是指"学新的东西"；"习"是讲"温习"，也就是把学过的东西再温习一下；"思"是讲"思索"，让学到的东西能在脑海里多打几个转，甚至引发一些自己的想法，产生一些自己的创意。现在，爸爸要问你，你一个礼拜读了两千多页书，算是"学"，是"习"，还是"思"？你的答案大概只有"学"吧！

孩子！你总是去图书馆，那里的书是不是好多好多，让你读一辈子也读不完？如果有个人天天都去读书，一辈子读了几千万页的书，他还有时间写文章、写书，或把学到的东西拿来使用吗？这也好比前两个月，爸爸说要种番茄，从图书馆里借了七八本种番茄的书，爸爸一页一页看，只怕到现在还在读书，我们的后院又怎么能有已经红了的番茄呢？所以，书虽然不会动，像是"死的"，但是里面的学问是"活的"。那活的学问又好像种子，你必须把它拿出来，播到土壤里，每天浇灌，常常施肥，才能长出果实。如果你根本不把种子拿出来，或播完种却忘了，任它自生自灭，长出一大堆杂草来，是不可能有好的收获的。

孩子！爸爸不要你拿第一，只希望你做个快乐的读书人：快乐地读，快乐地用，常常温习，常常思索。我希望你每星期只读一两本书，却能在读完之后对我提出很多自己的想法，甚至有一天对我说："爸爸！你看我也模仿那本书，写了一个小故事，我还画了几个插图呢！"

在这篇文章里，刘墉强调了读书不能求快而不假思索，其实我们做任何事情也都一样，不能只追求速度而把过程都忽略了。读书如果看过即忘，不去吸收、消化其中的知识，那么当我们需要用到时，就还得重新再去阅读。做事情如果对过程"偷工减料"，速度是快了，但质量肯定不过关，最后再要返工，那么浪费的就不仅仅是时间了。

古希腊著名寓言家伊索曾说过："想匆匆忙忙地去完成一件事以期达到加快速度的目的，结果总是要失败的。"急于求成、恨不能一日千里，往往事与愿违，大多数人知道这个道理，却总是与之相悖。历史上的很多名人是在犯过此类错误之后才懂得成功的真谛。宋朝的朱熹是个绝顶聪明之人，他十五六岁就开始研究禅学，然而到了中年之时才感觉到，速成不是创作良方，经过一番苦功方有所成。他以十六字真言对"欲速则不达"作了一番精彩的诠释："宁详毋略，宁近毋远，宁下毋高，宁拙毋巧。"

骐骥千里，非一日之功，冰冻三尺，亦非一日之寒。在如今无处不"速度"的社会中，"速"固然很重要，但把持"速"的"度"才是成功与否的关键。而无"度"之"速"，只会让我们一味盲目地狂奔、冲刺，最后只落得一步步加快衰落，提前走向灭亡的下场。用焦急与功利心打造出的船，只能将我们埋葬在失败的大海中。一针一线都是细心缝制的帆，才能迅速而安全地将我们送到成功的彼岸。

　　贝多芬写《合唱交响曲》用了39年的时间，最终将无数次的灵感串联成了旷世佳作。如果他也急不可耐地希望完成作品，一个小时作完曲子，我们还能听见他发自内心的《欢乐颂》吗?

　　做人做事都应该放远眼光，注重知识的积累，厚积薄发，自然会水到渠成，达成自己的目标。许多事业都必须有一个痛苦挣扎、奋斗的过程，而这也是将你锻炼得坚强，使你成长、使你有力的过程。

放慢些，也许会更快

> 某些人只追求表面上的快速。为了显示工作效率，就把并未结束的事草草了结。然而这往往是了而不结，其结果是：一件本需做一次的事，却不得不回头重复多次。所以，有一位智者曾讲过这样一句至理明言："慢些，我们就会更快！"
>
> ——摘自《培根人生随笔·论迅速》

现代社会是一个追求效率的社会，所以"如何加快速度"成为人们努力的方向。殊不知有许多事情一味求快是达不到目的的，懂得慢，该慢的时候能切实放慢些，我们反而会更快实现目标。

首先，放慢些，可以避免做事情操之过急。俗话说，磨刀不误砍柴工。就像建高楼要打好地基，让马快跑要喂饱马匹一样的道理，我们做任何事情都不能冲动行事，而应该做足事前准备，然后等待最佳时机到来才行动。只有这样，我们才能在实践中过关斩将，一路勇往直前。

1862年，德国哥丁根大学医学院的亨尔教授迎来了他的新学生。在对新生进行面试和笔试后，亨尔教授脸上露出了笑容，但他马上又神色凝重起来。因为他隐约感觉到这届学生中的很大一部分人是他教学生涯中碰到的最聪明的苗子。

开学不久的一天，亨尔教授突然把自己多年积下的论文手稿全部搬到教室里，分给学生们，让他们重新仔细工整地誉写一遍。

但是，当学生们翻开亨尔教授的论文手稿时，发现这些手稿已经非常工整了。几乎所有的学生都认为根本没有重抄一遍的必要，做这种没有价值而又烦冗枯燥的工作是在浪费自己的青春和生命。有这些时间，还不如发挥自己的聪明才智去搞研究。他们的结论是，傻子才会坐在那里当抄写员。最后，他们都去实验室里搞研究去了。让人想不到的是，竟然真有一个"傻子"坐在教室里抄写教授的论文手稿，他叫科赫。

一个学期以后，科赫把抄好的手稿送到了亨尔教授的办公室。看着科赫满脸疑问，一向和蔼的教授突然严肃地对他说："我向你表示崇高的敬意，孩子！因为只有你完成了这项工作。而那些我认为很聪明的学生，竟然都不愿做这种繁重、乏味的抄写工作。"

"我们从事医学研究的人，不光需要聪明的头脑和勤奋的精神，更为重要的是一定要具备一种一丝不苟的精神。特别是年轻人，往往急于求成，容易忽略细节。要知道，医理上走错一步，就是人命关天的大事啊！而抄那些手稿的工作，既是学习医学知识的机会，也是一种修炼心性的过程。"教授最后说。

这番话深深触动了科赫年轻的心灵。在此后的学习和工作中，科赫一直牢记导师的话，他老老实实做最傻的人，一直保持严谨的学习心态和研究作风。这种做事态度让他在人类历史上首次发现了结核菌、霍乱菌。而第一个发现传染病是由于病原体感染而造成的人，也是这位叫科赫的"最傻的人"。1905年，鉴于在细菌研究方面的卓越成就，瑞典皇家学会将诺贝尔生理学与医学奖授予了科赫。

其次，放慢些，可以保持清醒的头脑，做出正确的决策。一个急躁的人往往是盲目的，失去理智的，这时他的智商会远远低于平时，处理事情很容易出错而不自知。

春秋时代的齐景公，也可算是有名的贤君了，而他的贤名，主要是靠倾心任用贤相晏婴得来的。话说一日他正在外地旅游，忽得急报晏婴病危，景公大惊，急着要回去看他，下令准备最好的车驾，叫最好的驭者来驾车，赶去看晏婴。但路上他心急火燎，才行了几百步，就嫌驭者驾车太慢，夺过缰绳自己来驾车；又行了几百步，景公火气更大，嫌那马走不快，干脆自己跳下车，疾走起来。

如果我们遇到着急的事情时能慢下来，让自己的头脑降降温，让理智恢复，那么我们就不会做出齐景公这样的傻事，以为自己跑步竟比驾车快。

再次，放慢些，可以保持有条不紊的行动力，不轻易出错导致耽误时间。许多人一着急就容易乱，一乱就容易出错，一出错时间就会被耽误，结果只能眼睁睁看着本可以完成的事情变得无法完成。

明末清初，有一个叫周容的读书人，在他的一篇散文里记叙了这样一件事：

顺治七年冬天，我从小港想要进入镇海县城，吩咐小书童用木板夹好捆扎了一大沓书跟随着。

这个时候，偏西的太阳已经落山，傍晚的烟雾缠绕在树头上，望望县城还有约莫二里路。趁便问那摆渡的人："还来得及赶上南门开着吗？"那摆渡的人仔细打量了小书童，回答说："慢慢地走，城门还会开着，急忙赶路城门就要关上了。"我听了有些动气，认为他在戏弄人。

快步前进刚到半路上，小书童摔了一跤，捆扎的绳子断了，书也散乱了，小书童哭着，没有马上站起来。等到把书理齐捆好，前方的城门已经下了锁了。

我醒悟似地想到那摆渡的人说的话接近哲理。天底下那些因为急躁鲁莽给自己招来失败、弄得昏天黑地到不了目的地的人，大概就像这样的吧！

学习、工作、生活都不是急行军，没必要过度地争分夺秒。从容做事，我们会赢得更漂亮。

不要妄想每个人都是圣人

其实人们又希求什么呢？难道他们以为与他们打交道的人都应当是圣人吗？难道他们以为人应该杜绝一切为自己谋算的私心吗？

——摘自《培根人生随笔·论猜疑》

做错了事希望家人原谅，遇到了困难希望朋友提供帮助，去到陌生的地方希望有人热情接待自己，买东西时希望店家以最低价格卖给自己，这些都是我们与他人交往时所渴望得到的待遇。只是，换个角度想想，如果我们是对方，我们是否也能做到这么无私和大方？

我们每个人都是平凡人，凡人不是圣人，必然存在各样的缺点。妄想别人是圣人，会用博大的爱来照顾自己，结果却得到失望。这不是别人的错，而是我们的错，是我们把不切实际的要求强加给了别人。学会接受，才不会让自己陷入耿耿于怀的痛苦之中。

战国时期，齐国有一对很要好的朋友，一个叫管仲，另外一个叫鲍叔牙。管仲年轻的时候，家里很穷，又要奉养母亲，鲍叔牙知道了，就找管仲一起投资做生意。做生意的时候，因为管仲没有钱，所以本钱几乎都是鲍叔牙拿出的。可是，当赚了钱以后，管仲却拿的比鲍叔牙还多。鲍叔牙的仆人看了就说："这个管仲真奇怪，本钱拿的比我们主人少，分钱的时候却拿的比我们主人还多！"鲍叔牙却对仆人说："不可以这么说！管仲家里穷，又要奉养母亲，多拿一点没有关系的。"

又有一次，管仲和鲍叔牙一起去打仗，每次进攻的时候，管仲都躲在最后面，大家就骂管仲说："管仲是一个贪生怕死的人！"鲍叔牙马上替管仲说话："你们误会管仲了,他不是怕死,他得留着他的命去照顾老母亲呀!"管仲听到之后说:"生我的是父母,了解我的人可是鲍叔牙呀!"

后来,齐国的国王去世,公子诸当上了国王,诸每天吃喝玩乐不做事,鲍叔牙预感齐国一定会发生内乱,就带着公子小白逃到莒国,管仲则带着公子纠逃到鲁国。不久之后,齐王诸被人杀死,齐国真的发生了内乱,管仲想杀掉小白,让纠能顺利当上国王,可惜管仲在暗算小白的时候,把箭射偏了,小白没死。后来,鲍叔牙和小白比管仲和纠还早回到齐国,小白就当上了齐国的国王,就是齐桓公。

齐桓公登基以后,决定封鲍叔牙为宰相,鲍叔牙却对小白说:"管仲各方面都比我强,应该请他来当宰相才对呀!"齐桓公一听,说道:"管仲要杀我,他是我的仇人,你居然叫我请他来当宰相!"鲍叔牙却说:"这不能怪他,他是为了帮他的主人纠才这么做的呀!"因为鲍叔牙的大力举荐,管仲成为齐国宰相,并辅佐齐桓公成就了一番伟业,名留青史。

有一句话,说我们每个人都是好人,也都是坏人。确实,就像树叶有两个面一样,我们每个人都有人性的闪光处,同时也有人性的阴暗面。我们不能要求每个人都是圣人,都能"杜绝一切为自己谋算的私心"。或许我们做不到鲍叔牙"海纳百川,能容乃大"的宽宏,但是我们却可以用一颗坦诚、恳切一点的心去面对身边的人与事,多一份理解,就多一份温暖;多一份理解,就多一份感动;多一份理解,就会多一层美好。

一次,戴尔·卡耐基在电台上介绍《小妇人》的作者时,不小心说错了地理位置。其中一位听众就恨恨地写信来骂他,把他骂得体无完肤。他当时真想回信告诉她:"我把区域位置说错了,但从来没有见过像你这么粗鲁无礼的女人。"但他控制住自己,没有向她回击,他鼓励自己将敌意化解为友谊。他自问:"如果我是她的话,可能也会像她一样愤怒吗?"他尽量站在她的立场上来思索这件事情。他打了个电话给她,再三向她承认错误并表达道歉。这位太太终于表示了对他的敬佩,希望能与他进一步深交。

理解是一种换位思考:如果那个人是你,你会期待别人怎么待你,如果那事发生在你身上，你又期待别人怎样来理解你，把自己想要的答案付诸到需要你理解的人身上，那样的理解才会更贴切，更真实，更诚恳也更友善。

宋朝郭进任山西巡检时，有个军校到朝廷控告他，宋太祖召见了那个告状的人，审讯了一番，结果发现他在诬告郭进，就把他押送回山西，交给郭进处置。有不少人劝郭进杀了那个人，郭进没有这样做。当时正值北汉国入侵，郭进就对诬告他的人说："你居然敢到皇帝面前去诬告我，也说明你确实有点胆量。现在我既往不咎，赦免你的罪过，如果你能出其不意，消灭敌人，我将向朝廷保举你。如果你打败了，就自己去投河，别弄脏了我的剑。"那个诬告他的人深受感动，果然在战斗中奋不顾身，英勇杀敌，后来打了胜仗，郭进不记前仇，向朝廷推荐了他，使他得到提升。

郭进用宽容原谅了军校，军校则用行动报答了郭进。理解别人的缺点和错误，可以打破人们之间的阻隔，而容忍则是融合人际关系的催化剂，它能化干戈为玉帛。

所以说，不要用圣人的品德去要求身边的凡人，包括我们自己，我们就会发现世界充满的，不是虚幻的完美，也不是过度的丑陋，而是真实的美丽。

说话做事要留有余地

> 这种人不懂，一件事即使很有把握，还是要留点进退的余地好。
>
> 这种人办事，就好比棋的僵局，即使没有输，也无法再走下去了。
>
> ——摘自《培根人生随笔·论勇敢》

俗话说，万事留一线，日后好相见。生活中，不管我们拥有多么充分的理由或多么大的把握，说话做事都不适宜太过绝对。如果只为了一时之快，就把一些不中听的话抛给别人，这么做的后果往往是既严重地伤害了别人，也深深地损害了自己。

刘丽是个自尊心很强的女孩，但她却跟几位"没教养"的人做了同事。这些人举止随便，嘻嘻哈哈，刘丽很看不惯他们的行为。

一次，正下着雨，一位女同事想出去办点事，拎起刘丽的伞就走。刘丽心想："怎么不打招呼就拿人家的东西，太欺负人了！"

她勉强忍住气说："你好像拿错了伞吧？"

女同事大大咧咧地回答："我忘了带伞，只好借你的用一下。"

"你好像没跟我说'借'字。"刘丽气愤地说。

"哎哟，还用得着说'借'字吗？我的东西还不是谁爱用就用！"

刘丽冷冷地说："借我的东西就得说'借'，我不同意，谁也不准拿！"

没想到，这件小事使刘丽的处境发生了很大的改变，那几位同事再也不愿意理她，不知情的领导经常提醒她注意搞好同事关系，根本不听她的解释。

刘丽常常愤懑不平地想："我只不过是为了维护自己的权利，难道这也错了吗？"

其实，刘丽维护自己的权利并没有错，只是在言语表达上欠妥，言辞强硬，有些咄咄逼人、得理不让人。这样，即使同事理亏，也不一定会承认错误。反而使得刘丽自己，不但与同事的关系弄得很僵硬，还在领导心中落下个不搞好同事关系的坏名声。

"得理不让人，无理占三分"，这是世人常犯的毛病。其实，世界上的理怎么可能都让一个人占尽呢？更何况，在这个世界上，没有完全绝对的事情，而是像一枚硬币一样具有两面性，所谓的"有理"和"无理"，在很多情况下也只是相对而言的。凡事皆有一个度，过了这个度就会走向反面，"得理"如果不让人，就会由主动走向被动，"有理"就变成了"无理"。

事事不肯让人，容易招人怨恨，如此一来，即使一条大路摆在我们面前，我们要走起来也不会平坦顺畅。

其实，人与人之间往往是心与心的交往，坏心换来的是歹意，但诚心换来的通常都是真情。人都是感情动物，为别人留了情面，别人即便不能报答，也会感念我们的这份情谊，对我们心存恩义和祝福。生活中多一些感恩之心，世界就会变得更加美好。

在一个春天的早晨，房太太发现有三个小偷，她毫不犹豫地拨通了报警电话。就在小偷被押上警车的一瞬间，房太太发现他们都还是孩子，最小的仅14岁！他们本应该判半年监禁，房太太认为不该将他们关进监狱，便向法官求情："法官大人，我请求您，让他们为我做半年的劳动作为对他们的惩罚吧。"

经过房太太的再三请求，法官终于答应了她。房太太把他们领到了自己家里，像对待自己的孩子一样热情地对待他们，和他们一起劳动，一起生活，还给他们讲做人的道理。半年后，三个孩子不仅学会了各种技能，而且个个身强体壮，他们已不愿离开房太太了。房太太说："你们应该有更大的作为，而不是待在这儿，记住，孩子们，任何时候都要靠自己的智慧和双手吃饭。"

许多年后，三个孩子一个成了一家工厂的主人，一个成了一家大公司的主管，而另一个则成了大学教授。每年的春天，他们都会从不同的地方赶来，与房太太相聚在一起。

砖混结构的楼房，在修建的时候，我们经常见到沿长度方向，隔一定距离要设计一条断开的缝隙，这就是"伸缩缝"。因为楼房也会"生长"，如果不留缝，时间长了会发生变形。

修楼如此，做事如此，为人亦如此。留有余地更好！

古训道："路径窄处留一步与人行；滋味浓的减三分让人食。"给自己留余地，进可攻退可守，飞翔就是天空，回归就是家园。给他人留有余地，实则为自己留退路。送人玫瑰手有余香，把别人推上悬崖，自己也将身处险境。

传说太阳神阿波罗的儿子法厄同驾起装饰豪华的太阳车横冲直撞，恣意驰骋。当来到一处悬崖峭壁上时，恰好与月亮车相遇。月亮车正欲掉头退回时，法厄同依仗太阳车辕粗力大的优势，一直逼到月亮车的尾部，不给对方留下一点回旋的余地。正当法厄同眼看着难于自保的月亮车幸灾乐祸时，自己的太阳车也走到了绝路上，连掉转车头的余地也没有了，向前进一步是危险，向后退一步是灾难，最后终于万般无奈葬身火海。

水满则溢，月盈则亏，过犹不及，凡事皆然。曾国藩说："人生最佳的境界是花未开全月未满。"这是一种从容淡定的心态，是一种通透顿悟的智慧，更是留有余地的美丽。

懂得留有余地，就如掌握了一门高深至上的学问，使人举手投足间收放自如；懂得留有余地，就是深谙了一种处世哲学，在与人的交往中进退有度；懂得留有余地，就是破译了人生密码，做到善待别人赢得自己。

不做滥施仁爱的傻子

> 为了不做滥施仁爱的傻子，我们要注意，不要受有些人的假面具和私欲的欺弄，而变得太轻信和软心肠。轻信和软心肠常常诱使老实人上当。比如我们就绝不应该把一颗珍珠赠给伊索那只公鸡——因为它本来只配得到一颗麦粒。
>
> ——摘自《培根人生随笔·论善》

罗素说："在一切道德品质之中，善良的本性在世界上是最需要的。"确实，与人为善不仅是中华民族的传统美德，同时也是现代社会交际中不可缺少的基本条件之一。翻看众多成功人士的经历，可以发现，他们能够取得那么令人瞩目的成就，除了个人能力的因素之外，很重要的一个原因是他们有一颗善良的心，由此得到了别人的敬重与帮助。

善良能够给人积极的助力，这是可以肯定的。马克·吐温曾经说过："善良是一种世界通用语言，它可使盲人看到，聋子听到。"善良的人就像一棵树，既可以洁净空气，又能够供人乘凉，还能给大自然增添一道美丽的风景。

不过，善良并不是没有底线的。举个大家最熟悉的例子，东郭先生和狼的故事，对于这种明知道会反过来害自己的狼，如果也心存仁慈，那就是错施仁爱，是把自己推入危险的境地。因此，很多时候，善良需要前提，我们需要有选择地去行使它。

一位学者曾经讲过这样一个故事：

某天和海外宗教界的朋友结伴坐地铁。肮脏的老乞丐裹污浊破毡，半跪半俯地挡住了阶梯，破旧草帽中，零星小币闪着黯淡的光。毡下像枪管一般刺出半截腿，该长着脚的地方，是一团褐色的腐肉。情景的惨和气味的熏，使人不得不远远抛下点钱，逃也似的躲开。

我知趣地退后了几步，和朋友拉开距离。依她的慈悲和博爱，无论捐出多少，都是心意，也是隐私，我尊重地闪开为好。

她端庄地走了过去，俯身对残疾老人说，请您让一让，不要阻了通道，您没看到人们都绕开你走吗？这让大家多不方便啊。老人从地面抬起半张脸，并不答她的话，我行我素道：行行好，太太，给几个小钱……

朋友悄然走了过去，不曾放下一枚硬币。进入地铁，找到站内的工作人员，她说，通道上有个乞丐，妨碍了交通，请你们敦促他走开。

我无声地看着这一切，心想不给钱尚能理解，比如恰逢心绪不佳，无有余力关顾他人，但找了工作人员驱赶老乞丐，是不是也嫌过严？忍不住替她找理由，说，我看到报载，有些乞丐骗吃骗喝，白天在街上讨乞，衣衫褴褛，下了班之后，西装革履地下馆子。有的干脆以此为业，几年下来，居然在乡下起楼造屋成了当地首富。想你一眼看出那乞丐正是这路人等？

朋友笑了，说我哪有这份"神功"。你说的那些事例我也在报上看过。具体到这位老人，没有证据，我们不可以随便怀疑。我疑惑道，既然你不认为他是坏人，为何不施舍？

朋友道，可我也不能判断出他是否真的贫病无靠，难以自食其力啊。

我说，这却难了。每个人在掏腰包施舍之前，难道还要雇个私人侦探，一一查访乞丐们的收入情况吗？

朋友正色道，这正是现代社会的为难之处。农耕社会，谁个穷谁个真无助，十里八乡的人都心里有数。进入信息社会了，人员大量流动，我们知道火星几日几时几分大冲，一般人却无法掌握乞丐们的真实背景。

我说，那怎么办呢？有些乞丐挡住你的路，展示他们的残疾和可怕，吓得你不得不甩钱。尤其是几个人同行的时候，若你袖手而过，就显出小气和不仁，压力也挺大啊。

朋友说，我是从不在马路边施舍的。那样不是仁慈，而是愚蠢。当然了，我不敢说马路边的每一个人都不该救助，但救助，也要有现代的意识。你给了一点钱，他就叩头，他靠出卖尊严得到金钱，你收获了廉价的欲望满足。你的那几个小钱，是不配得到这样的回报的。他轻易地以头触地，因为他已不看重自我。那种靠展示生理恶疾，压榨人们的感官，更是一种潜在的威胁和逼迫。利用丑恶博得金钱，古来就被称为"恶乞"，被人所不齿。如果你辛辛苦苦挣来的钱，却助长了不良之风，不正与你善良的愿望相悖吗！

我听得点头，又问，那我们如何施舍呢？

朋友说，要有正式的慈善机构来负责这些事务。它要接受各方面的监督，来有来路，去有去向，一清二白才能把好钢使在刀刃上，又省了普通民众的甄别之难。

从那以后，我可以坦然走过乞丐身旁。对那些慷慨解囊之人不再仰慕，对那些扬长而去之人也不再侧目。当然了，也积极向正规机构捐助并期待他们的清廉。

故事虽然讲完了，但故事中"朋友"的一番话却值得我们深思。现实中的乞丐，有真有假，让人难辨。善良驱使我们去帮助他们，但如果错帮了假乞丐，就会助长坏人的气焰，而且可能致使真正的乞丐陷入更艰难的处境。这样的后果，会使我们的善良显得愚蠢和廉价。

没有原则的善良是对罪恶的纵容，是极其错误的，而放任没有原则的善良乱施，只会给自己带来无穷无尽的麻烦，甚至是伤害。所以，善良虽然是为人处世的基本品质，是我们应该提倡和坚持的，但绝不能将其发展成过度善良。善良有度，善良才能持久，我们应该谨记。

过分的沉默就是软弱

> 一个人如果不具有这种智慧的判断力，他又很可能沉默得过
> 分，以至对该讲的话也不敢讲，从而暴露了他的软弱。
>
> ——摘自《培根人生随笔·论伪装与沉默》

在正确的时间和地点保持沉默，可以体现一个人的智慧；在不适当的时间或地点保持沉默，则暴露一个人的软弱。

小林从小是个奉行"沉默是金"的人，对什么事情都不轻易开口。

大学毕业，小林应聘到一家报社，跟着一个编辑做娱乐新闻，本来就对娱乐圈"发烧"的他显得比老编辑更能把握潮流，一个娱乐版被他做得活灵活现。但因为从小养成的习惯，小林很少在编辑会上说出他的想法。久而久之，他一在众人面前说话就脸红，后来就干脆不说了。遇到老编辑撤他的文章，也不说出自己的编辑思想，就一味忍着。心想：反正活是我干的，不用说别人也知道。

小林的顶头上司编辑部主任姓文，三十多岁，是个怪人。日常生活中，他显得平易近人，可是一旦牵涉到工作，他就变得六亲不认。但由于他能力突出，不论是策划、标题制作、文字编辑、新闻敏感度，甚至美术设计排版等等，都自有一套学问，所以大家对他既尊敬又害怕。

他很关注娱乐这一块，虽然小林也有被他骂得颜面无光的经历，但总的来说对于版面的进步他给予了很大的肯定。有几次，他很亲切地让小林去他办公室谈心，交流工作体会，可是每次他问小林在工作上有什么需要表达的观点没有，小林的心就紧张得怦怦跳，关于如何把娱乐版做得更好的想法差一点就冲

口而出——但每次小林都是忍住了没说，还在心里叮嘱自己：切记沉默是金，切记祸从口出。

转眼半年过去了，其他和小林一起来的年轻人都做出了一些成绩，唯独小林还是默默无闻。由于小林总把话闷在心里，别人并不了解他的想法，他编辑的稿子总是被撤。渐渐地，小林开始怀疑自己的能力。

一次，文主任请他们这些年轻人吃饭，算是对他们半年来工作的一次肯定。酒过三巡，他变得激动了，敲着桌子对小林说："你的前途渺茫啊。"喧闹的饭桌一下沉寂了，大家都看着小林，瞧小林有什么反应没有。小林虽然窘迫着红了脸，却没有反驳他。

"瞧，这就是你的毛病。"文主任说，"你才多大，学得这么老成，没有一点年轻人的锐气——你如果拍着桌子对我喊：'不要看扁我！'你就还有救！"他嘲讽地说，"其实我知道你心里在想什么，你在想'没必要和这种人一般见识'，对不对？"他的话确实是小林心里想说的，小林这才说了句实话："你怎么知道的？"大家哄堂大笑。

文主任也笑了，说："我刚参加工作的时候和你很像。"他说了自己的一段经历。

文主任的第一份工作是在一家杂志社做编辑，年轻的他连着策划一些主题文章，包括约重头稿件。但有一点，就是不善表达。

没过多久，一个提拔的机会降临在编辑部每位成员身上，杂志社要增加一个总编助理的位置。他心想，这个职位应该是非他莫属了。果然，领导找他谈话，让他说说对杂志的看法。他却做和事佬状，不温不火地简单说了几点。他想着，没必要表达太多，反正工作都在那摆着。

没想到答案却出人意料，一个各方面能力都比他差好远的人被提拔了上去。领导当面告诉他，通过那次谈话，感觉他没什么想法，才做出这个决定的。文主任这时候才知道自己吃了哑巴亏。

从那以后，他深深明白了一个道理："不要以为自己的才华是谁也拿不走的，有才华一定要表达出来，要与人交流。否则，就像是一块埋在土里的金子，被厚厚的尘土埋没了光辉。"

在新的单位，他仿佛变了一个人，坚持自己的风格，直陈自己的想法，工作十分出色。文主任说完了他的经历，望着小林说："每一次我给你机会让你说说想法，你都不敢说，是你自己丧失了闪光的机会。"

那个夜晚，小林收获了一条永远铭记在心的道理：任何一个满腹经纶胸怀大志的人，如果只会清高地沉默，那么机遇就会在他手指间消失得无影无踪。沉默很多时候是块铁，会白白葬送比金子更为可贵的机遇。

有才华不表现出来，就像埋在土里的金子，人们会看不到它的光辉。同样的，有什么想法如果不说出来，别人就会不理解我们，甚至因此产生误会。要让别人正确理解我们的心思，让沟通不受阻滞，我们就要学会充分表现自己。

俗话说，"该出手时就出手"，我们该发表意见的时候，就应该大胆地说出自己的心声。特别是存在竞争或争论的场合，保持沉默代表的不是矜持和礼貌，而是没有思想力和判断力的表现。

读书先要看出它的好处

> 读书的目的是为了认识事物原理。为挑剔辩驳去读书是无聊的。但也不可过于迷信书本。求知的目的不是为了吹嘘炫耀，而应该是为了寻找真理，启迪智慧。
>
> ——摘自《培根人生随笔·论读书》

读书的重点是什么？著名哲学家熊十力先生认为，读书首要的是要看出它的好处，就像吃东西应该先摄取它的营养。

1943年，徐复观时任陆军少将，这一年他受到蒋介石的器重并成为高级幕僚。徐复观读到了熊十力独创的新儒家哲学体系《新唯识论》，敬佩之情油然而生，遂萌发了从师之意。正好此时，熊十力也在重庆梁漱溟先生主持的勉仁书院教书。徐复观便试着写了一封信，表示了仰慕之情。不几天，熊十力便给他回了信。熊十力说到后生对前辈要有礼貌，批评徐复观来信字迹潦草，诚意不足。徐复观立即去信道歉。经过几次通信后，熊十力约徐复观来书院面谈。

徐复观第一次去见熊十力，是身着陆军少将军服去的。徐复观向熊十力请教该读点什么书，熊十力向他推荐了王夫之的《读通鉴论》。徐复观说这本书早已读过了。熊十力面露不悦之色，说你并没有读懂，应该再读。

过了一段时间，徐复观再见熊十力，报告《读通鉴论》已经读完，熊十力就问他有点什么心得。徐复观觉得自己读得很认真很仔细，不免有些得意，说，书里有很多他不同意的地方，接着就一条一条地说起来。

还没等徐复观说完，熊十力就怒声斥骂起来："你这个东西，怎么会读得进书！像你这样读书，就是读了百部千部，你会得到书的什么益处？读书是要先看出它的好处，再批评它的坏处，这才像吃东西一样，经过消化而摄取了营养。譬如《读通鉴论》，这一段该是多么有意义，又如那一段，理解得多么深刻。这些你记得吗？你懂得吗？你这样读书，真是太没有出息！"

这一顿骂，骂得陆军少将目瞪口呆。

原来读书是先要读出书的好处！

多年后，徐复观回忆道："这对于我是起死回生的一骂。恐怕对于一切聪明自负，但并没有走进学问之门的青年人、中年人、老年人，都是起死回生的一骂！近年来，我每遇见觉得没有什么书值得去读的人，便知道一定是以小聪明耽误一生的人。"

任何书的内容，都是有好的地方，也有坏的地方。我们为什么不先看出它好的地方，却专门去挑坏的呢？就像去市场买菜，好与坏的菜混杂在一起卖是必然有的情况，但没有人会傻傻地专门去翻捡那些虫咬的、霉烂的、过期馊坏了的菜品，然后跟别人分析它们坏在哪里。人们都只会选择最好的菜品放进自己的菜篮子里。读书也应该这样，坏的内容我们认出来了，不要它，不理它，也就够了。我们应该珍惜时间，把它分配去吸收好的内容。

不同的书，区别来读

> 书籍好比食品。有些只须浅尝，有些可以吞咽，只有少数需要仔细咀嚼，慢慢品味。所以，有的书只要读其中一部分，有的书只须知其中梗概，而对于少数好书，则要通读，细读，反复读。
>
> ——摘自《培根人生随笔·论读书》

读书，是古今中外有见识的人士都推崇的一件事，是一种良好的生活习惯。但是，追求读书不等于盲目读书。对于不同的书，我们应该有区别地去阅读，这样才能提高读书的效率。

培根说："书籍好比食品。"对于食物，我们并不是样样都细嚼慢咽的，所以对于读书我们也应该有的"牛嚼"，有的"鲸吞"。"牛嚼"和"鲸吞"是当代著名作家秦牧主张的读书方法。

什么叫"牛嚼"呢？秦牧说："老牛白日吃草之后，到深夜十一二点，还动着嘴巴，把白天吞咽下去的东西再次'反刍'，嚼烂嚼细。我们对需要精读的东西，也应该这样反复多次，嚼得极细再吞下。有的书，刚开始先大体吞下去，然后分段细细研读体味。这样，再难消化的东西也容易消化了。"这就是"牛嚼"式的精读。

那什么叫"鲸吞"呢？秦牧说，鲸类中的庞然大物——须鲸，游动时俨然一座飘浮的小岛。但它却是以海里的小鱼小虾为主食的。这些小玩意儿怎么填满它的巨胃呢？原来，须鲸游起来一直张着大口，小鱼小虾随着海水流入它的口中，它把嘴巴一合，海水就从齿缝中哗哗漏掉，而大量的小鱼小虾被筛留下来。如此一大口一大口地吃，整吨整吨的小鱼小虾就进入鲸的胃袋了。人们泛读也应该学习鲸的吃法,一个想要学点知识的人,如果只有精读,没有泛读;如果每天不能"吞食"它几万字的话,知识是很难丰富起来的。单靠精致的点心和维生素丸来养生,是肯定健壮不起来的。

"牛嚼"与"鲸吞",二者不可偏废。既要"鲸吞",要大量地广泛地阅读各种书籍,又要对其中少量经典著作反复钻研,细细品味。如此这般,精读和泛读就能有机地结合起来了。秦牧正是通过这样的方法,每天阅读大量的书报杂志,广博地积累知识,才能够写出那么多精美的作品,让人读了油然而生一种感觉,仿佛它们都是由知识的珠宝串成,闪耀着独特的光彩。

有人可能不太相信"牛嚼"和"鲸吞"相结合的方法。他们可能认为,只要广泛阅读,积累了大量的知识素材就必能学有所成。果戈理的名著《死魂灵》中就有个名叫彼什伽秋的人物,他嗜书如命,什么书都读,但也因为他的阅读毫无选择、毫无目标,最终还是一事无成。其实,"牛嚼"的对象书籍,就像主食,是我们身体长个长力气所必需的能量来源,是必不可缺的。

也有的人只注重"牛嚼"却忽视"鲸吞",认为读透一本书胜过囫囵地读一万本书。这又像现代人们的饮食结构,只吃精粮,结果缺乏了粗粮中特含的一些营养元素,身体的健康系统也一样是达不到最佳状态的。

读书是追求知识的健康,它像身体健康一样,对不同营养元素的需求量是不同的。根据自身的具体情况,有所偏重又广泛全面地进行阅读,是读书的科学"食谱"。

旅游也是一种学习的方式

> 对于年轻人，旅游是一种学习的方式。而对于成年人，旅游则构成一种经验。
>
> ——摘自《培根人生随笔·论旅行》

俗话说，"读万卷书，行万里路"，可知埋头读书并不是学习的唯一方式。有时候，旅游也可以给我们带来很多知识。甚至可以说，有些东西的学习，我们必须通过旅游的方式去掌握。

旅游是一种学习的方式，因为旅游能够"让地下的东西走上来、书本的东西走出来、死的东西活起来、静的东西动起来"。通过旅游，知识才会生动地活在大脑里，成为真正从属于我们的东西。

旅游让我们学会从不同的角度去看待生活。通过旅游，我们可以接触到新鲜的事物和新鲜的环境，在新旧对比之下，我们原有的感受可能会改变，获得升华或重生。当我们在一座城市里待久了，难免感到喧嚣嘈杂。这时，到人迹罕至的地方走一走，寄情于自然山水和田园风光的闲适宁静，之后再回看城市生活的繁华和种种便利，内心涌起的想法也许就不再是厌烦，而是淡淡的想念，一丝想回归的急切，还有发现城市的可爱之处的欣喜。

旅游可以帮我们检验知识的纯度。古人云，"纸上得来终觉浅"，我们读过许多书，看过许多图片和影片，但那都是别人给予的间接知识。我们光听闻有大草原和蒙古包，却没有到那里去转一圈；光听闻长城的雄伟，也知道"不到长城非好汉"的诗句，却没有亲自登上长城；光听闻少数民族的生活习俗，却没有去亲眼看一看，亲身经历一下；光听闻国外怎么发达，却又没有到过国外，那么这些"听闻"就总有些虚无缥缈。只有亲身实践，我们才会有深切的体会；只有经过与当地人的沟通和交流，我们才会明白他们的真实渴望。

复旦附中培养创新型人才的"菁青计划"，将国内游学列为重要一环——每年组织学生赴云南、贵州等中西部偏远山区考察。被清华大学招生办录取的张琦琦有一年暑假赴贵阳的乌江复旦中学考察，第一次乘20多个小时火车、再乘汽车翻越两座山才到达，漫长的行程让她理解了中国"幅员辽阔"的含义。体验了当地的条件艰苦后，她才明白自己在上海物质条件优越，是"身在福中不知福"。当地的实际情况"没有想象的那么落后，也不像想象中那么先进"——有电视，也能上网，很多老师上课也用多媒体；但由于出山不易，多数同龄人的知识都是从媒体和书本上学得，缺乏直接体验，与上海学生的见识差距很大。

城市对农村的了解，农村对城市的了解，不管借助的媒体和书本介绍得多么翔实逼真，都是隔着玻璃看风景，有着跨越不了的距离。只有闻到真正的花香，才会知道蜂蝶为什么会迷恋；只有亲历生活，才会知道哭与笑为什么会发生。这些，是谁都替代不了的体验，也是谁都灌输不了的思想。

旅游可以磨炼我们的意志，增强我们的体魄。在不少人看来，旅游就是有闲有钱者的享受。然而事实上，旅游表面上风光，其实也是一个吃苦的过程。暑天大汗淋漓，冬天寒意逼人；运用双脚时要跋山涉水，不动用双脚时则要长时间地坐车、乘飞机；吃饭、睡觉通常不定时，质量的好坏更是不能尽如人意。这样的过程，对任何人的意志和体力都是一个考验。有一个游客在他的西藏游记里记录了这样一件事，导游问一位五十多岁的女游客有何感受，女游客就哭着说自己是在花钱买罪受。可见通过旅游来"文明其精神，野蛮其体魄"，对一个人来说是多么重要。

旅游可以让我们发现简单而又容易忽略的真理。老子说，"大道至简"，正因为如此，当我们对环境过分熟悉时，就容易对它产生忽视。旅游让我们走出这种熟悉的困扰，在与陌生的环境、陌生的人碰撞时，思想才会出现火花，擦亮我们发现真理的眼睛。

孔子到楚国去的时候，一天，他走出树林，看见个驼背老人正用竿子粘蝉，就好像在地上拾取一样容易。

孔子说："先生的手艺真是巧啊！有什么门道吗？"

驼背老人说："我当然有我的办法。经过五六个月的练习，在竿头累迭起两个丸子而不会坠落，那么，失手的情况已经很少了；迭起三个丸子而不坠落，那么，失手的情况十次不会超过一次了；迭起五个丸子而不坠落，也就会像在地面上拾取一样容易。我立定身子，犹如临近地面的断木，我举竿的手臂，就像枯木的树枝。虽然天地很大，万物品类很多，我却一心只注意蝉的翅膀，从不思前想后、左顾右盼，绝不因纷繁的万物而改变对蝉翼的注意，为什么不能成功呢！"

孔子转过身来对他的弟子们说："运用心志不分散，就是高度凝聚精神，恐怕说的就是这位驼背的老人吧！"

专注可以助人成功的道理，大圣人孔子不会不懂，但只有在旅行途中遇到了这位粘蝉的老人，他才能找到如此生动的例子去给学生们解释这个道理。

旅游是一种学习的方式。旅行途中的一草一木、一风一景、一人一物，都隐藏了我们不曾设想过的思路，打开它，我们就打开了一个崭新的启悟。

舍得财富，才能获得财富

> 不要吝惜小钱。钱财是有翅膀的，有时它自己会飞，有时你必须放它飞，如此方能招来更多的钱财。
>
> ——摘自《培根人生随笔·论财富》

维吾尔族有句谚语，说"贪婪的人饱不了，吝啬的人富不了"。确实，一个永远不知满足的人，一辈子也不会懂得幸福的滋味；而一个连鱼饵都舍不得放的人，别说不可能钓得到大鱼，小鱼都不可能钓得到。

世界上根本没有"愿者上钩"的傻瓜，姜太公能够钓到周文王这条"大鱼"，是因为他早放下了香喷喷的"鱼饵"——他的奇怪之举透露了他的巨大本事，而这正好是周文王所渴求的。所以，如果把赚取钱财比作钓鱼，那么我们当然需要拿出做"鱼饵"的成本，而且，"鱼饵"放得越多越美味，吸引到"大鱼"的机会也才会越大和越有把握。

有一个公司的老板对待手下的业务员，总喜欢重奖。每当业务员赚取5000元时，他只从其中提取1/5——1000元，而让员工拿走4/5——4000元。这样奖赏的结果是，业务员为此很感激他，工作积极性高涨，一个个如拼命三郎。

后来，有人对老板的这种做法不解，说，你怎么这么傻呀，你是老板，完全可以提取4/5，为什么只给自己留1/5呀？

老板笑了笑，这样给他解释：我现在有100名员工，每人提取1000元，一个月就是10万元，而员工仅仅只是4000元。重要的不是这些，而是我的重奖模式可以促使我的员工队伍快速扩展，最终受益最多的还是我自己。如果我多拿些，无可厚非，但员工的工作积极性势必会减弱，公司的发展速度减慢了，规模自然会受到影响，可能会一直维持在20人，而人才流动性反而会加大，用在员工培训和内耗的成本将会难以估算，这时候，就算老板从每个员工手里能拿到4000元，最终的收入不过8万元，如果再减去公司用在员工的培训和内耗的成本，实际到手则会更少，而且老板管理起来会非常累。更为危险的是，因为收入水平低，成长起来的人才留不住，而优秀的人才又进不来，公司最终会逐渐萎缩下去，到时候，烂摊子只有老板自己去收拾了。

俗话说，人心都是肉做的，你真心真意对他好，他才会全心全意对你好。对于老板和员工来说，老板不与员工争利，就是真心对员工好；员工要表达自己对老板的心意，就唯有拥戴老板，拼命为老板赚钱。由此可见，故事中这个老板是何其聪明，舍小利而得大利。

赚取钱财需要舍得放"鱼饵"，而守住钱财就需要懂得紧守关键。很多时候，钱财就像我们握在手中的沙子，越是想多抓些，漏掉的就越多，到最后反而一无所获。其实我们应该明白，在抓沙之前，我们的手是空的，所以只要能抓到，就都是收获。同样的，要守住一笔财富，守住我们能抓住的部分就已经够了，那些漏掉的抓不住的，应该及时放弃。

小马在一家陶瓷公司打工，平常沉默寡言，说话结结巴巴，所以，他从不与人争长论短。

公司有一笔30万元的货款还未进账，老板数次派人追讨，对方总是找出种种理由，一拖再拖。老板无计可施，认定这笔钱就此打了水漂。

老板宣称，谁能讨回30万元货款，将给予10万元的奖金。

公司里陆续有几个能说会道的高手先后请缨，结果都是焦头烂额而回，一分钱的债款也没讨回，还白花了路费。

这时，小马站了出来，说："老老老老板，我我想去去去试试……"

小马的话还未说完，众人一阵大笑。老板说："你若能讨回这30万元，太阳都从西边出来了。"

3天后，他居然真的将20万元交到老板手里。

众人惊愕之余，都向小马请教，到底有何绝招。

原来，小马与欠债人坐到谈判桌旁后，就开门见山地说，所欠30万元货款，只需交21万元，就算全部结清，并立了字据，保证日后不再追讨。

对方见来人如此大度，给了如此之多的甜头，又可了结日后的纠缠，欣然地把钱交出来。于是，小马把20万元交给老板，自己留下1万元作为奖金。对于小马来说，这相当于他在公司两年收入的总和啊。

小马对老板说："那那那9万元，就就算是我赏给给给对方的了。"

众人一听，无不顿足懊悔，当初，他们都想狮子大开口，要足10万元奖金，最终，一分也得不到。

小马把9万元赏给对方，实在是慷他人之慨。可是其他人就因为没有这份"慷他人之慨"的心胸，白白错失了即将到手的1万元奖金。可见对钱财实在不能太贪，只坚守自己能把握的那一份财富，才有希望真正拥有这一份财富。

第八章
美丽心灵，魅力人生

内在美才是真的美

> 　　美德好比宝石，它在朴素背景的衬托下反而更华丽。同样，一个打扮并不华贵却端庄严肃而有美德者是令人肃然起敬的。
>
> 　　美貌的人，未必也具有内在的美。因为造物似乎是吝啬的，他给了此就不再予彼。所以许多容颜俊秀的人却不足为训，他们过于追求外形美而忽略了内心的美。
>
> ——摘自《培根人生随笔·论美》

　　俗话说，"爱美之心，人皆有之"，追求美是人的天性，是无可厚非的。只是对于什么是美，不同的人有不同的见解。有的人追求外在美，认为一个人外表长得好看就是美；也有的人追求内在美，认为一个人有丰富的学识、良好的品德、善良的言行才是真的美。只有美丽外表的人，当他变老的时候，美丽就会消逝。拥有内在美的人，他的美可以终其一生，即使一头白发、满脸皱纹，也能闪耀美的光辉，甚至当他不在这个世界以后，他的美仍然能影响很多人。

　　生活中，浅薄的人只追求简单的外在美，艺术家比较欣赏纯粹的美，而更多人追求的是内在的美。因为追求内在的美，可以让世界变得更加美好，这是美的极致。

　　在美国庞大的律师群体中，有一位外貌丑陋却口碑极佳的女律师，她的名字叫科尔。在法庭上，她扭曲的容貌常会引起众人的惊讶甚至恐惧。但是，这位丑陋的女律师，却以渊博的学识和言辞犀利的口才，以及咄咄逼人的气势震惊四座，为无数当事人打赢了官司。

　　许多人不解，这样一位容貌丑陋的人是怎样成为一名知名律师的呢？

科尔是家中唯一的女孩儿，童年时代，她不仅长得俏丽可人，而且聪明伶俐，从小就是父母的掌上明珠。

升入中学后的一天，科尔的下巴先是出现了几个很小很小的圆形白斑，一个星期后，白斑连成了片。父母带科尔到医院做皮肤检查，医生的诊断结论是：科尔患上了一种极为普通的皮肤白斑病，只需涂些对症的药膏就可以根治白斑。然而一个月过去了，白斑非但没有消除，面积反而越来越大。接下来，科尔的身上不断出现奇怪的症状：原本一头金黄色长发，变成了灰白色，且不停地大把脱落；右眼向下倾斜；鼻子向右扭曲；右侧嘴角向上翻起，一张漂亮的面孔完全变了形。

父母焦急万分，再次把科尔送到医院五官科进行检查。这次得出的结论是：科尔患上了一种罕见的进行性面偏侧萎缩症。这类病症会随着患者年龄的增长而日趋加重，患者的五官会渐渐萎缩直至完全消失，甚至整张脸萎缩成为一个洞。而令人恐惧的是，目前在全球范围内还没有对这种病症行之有效的治疗方法。

然而这种病虽然可怕，却不会危及患者的生命。坚强的科尔心头重新燃起了一团希望的火焰。她想，既然自己享有和他人同等的生命权，就一定要通过努力和奋斗来证明自己生命存在的价值和意义。从此，科尔更加发奋努力地学习，几乎包揽了年级所有学科的第一名。

但是，在学校里，科尔遭到了同学们的歧视，甚至没有一个同学愿意和她坐同桌，她被无情地隔离至人群之外。

17岁的一天，科尔正在学校上课，突然她感到右眼视线变成了一片黑暗。科尔心头一沉，知道自己的右眼从此将失明，这也正是病症加重的结果。

后来，科尔以优异的成绩考取了大学。走进大学校园，她依旧是同学们眼中的"怪物"，没有人愿意主动接近她。更让科尔意想不到的是，同学们还对知名大学是否该录取"丑八怪"的议题，展开了激烈的论战。很多人都认为科尔这样的丑陋相貌，会影响学校的形象和声誉，提议学校开除科尔。面对如此大的精神压力，科尔只有一个人默默地承受。

一天，在社会心理学课上，老师让同学们讨论自己的理想。教室里一下子炸了锅，只有科尔独自沉默地坐在位子上。接着，老师让同学们一一发言。轮到科尔时，没等她开口，一个男生就抢先喊道："整容，她的理想只有整容。"话音未落，教室里响起一片哄笑声。

科尔转过头，表情认真地看着那个男生说："你错了，我的理想并不是整容。整容也改变不了我脸上的残疾和缺陷。其实，我的理想是做一名律师。"

教室里再次爆出哄堂大笑，同学们你一言我一语地说："'丑八怪'律师……""谁有这么大的胆子请这样的律师出庭……""考验法官胆量的时候到了……"

而科尔却表情严肃并语气坚定地说："我要当律师，去帮助那些可怜的受害者，以及遭到他人歧视的身患残疾的不幸的人。"教室里瞬时安静下来，每个人都陷入了沉思。4年后，科尔从大学毕业，并通过不懈的努力考取了职业律师资格证。

科尔说："有一天我的脸可能会消失，但只要我的生命还在，我会继续证明，容貌的美并不重要，重要的是你生命中的自信和坚强。"

科尔虽然失去了美丽的容貌，但她有自信和坚强的内在美，有傲人的专业才华，这些描绘出了她美丽的人生。反观那些嘲笑她的同学，他们可能拥有美丽的容貌，却连尊重别人的基本美德都没有，就好像去掉皮肉之后的白骨，让我们看到的只有丑陋。

生命的出色与否不应该只看一个人的容貌如何，而应该兼顾他的内在美修炼得如何。

增进美德就是增加幸福

> 幸福的机会好像银河，他们作为个体是不显眼的，但作为整体却光辉灿烂。同样，一个人也可以通过不断做出细小的努力来达到幸福，这就是不断地增进美德。
>
> ——摘自《培根人生随笔·论幸运》

现代社会，人们时常慨叹，钢筋林立的环境淡化了人与人之间的感情，过去"远亲不如近邻"的热闹场面难再出现，人们缺少了交流，社会缺少了温暖，生活缺少了感动。在这样的环境中，怎样才能寻找到幸福呢？

其实，幸福并不难寻觅。我们试回想一下，当我们为一个迷路的陌生人耐心地指明方向，得到对方的由衷感谢时，我们内心是不是有一股难抑的自豪和欢喜？对了，这种自豪和欢喜的感觉就是幸福。它虽然细小，但只要数量多，就能连成一片，像漫天的繁星，像夏日田野里满布的萤火虫，会形成非常壮观的美景。而这样的景象，只需要我们持续不断地付出小小的努力，为他人提供力所能及的帮助。

儿子放假了，天天日上三竿才起床。每天上午十点之前，老李和儿子跑到附近的"德克士"快餐店，要上两个汉堡、两杯可乐，早饭就算打发了。"德克士"这段时间搞活动：晚上八点以后、早上十点以前，买一送一。在儿子看来，这就是他的"幸福生活"。

这天，他们进去刚坐定，从门外急冲冲进来两个人，一老一少，看样子也是父子俩。父子俩在吧台前站定，气喘如牛。父亲是个四十来岁的中年人，儿子则跟老李的孩子不相上下。他们身上的装束显然是农村集贸市场上的流行款，与这时尚明亮的大厅有些格格不入。这对父子的到来引起了大家的好奇，老李注意到有些食客像他一样，一边大口嚼饮一边余光旁观。老李的位置刚好正对吧台，父子俩的一举一动都在他的视线里。

乡下父亲一边急急地掏钱，一边传口令似地对服务生说，同志，要两个汉堡。女服务生似乎不大习惯这种称呼，用手掩了下嘴，笑着说，先生要什么样的汉堡？乡下父亲有点犹豫，显得拿不定主意，但仅仅一瞬，他便坚决地指着墙上的一幅宣传画说，要那个，十块钱的。服务生微笑着说，对不起先生，十元钱只能给您一个超级鸡腿堡。乡下父亲愣了，说你们不是"买一送一"吗？服务生微笑着解释，对不起先生，我们的活动规定，晚八点以后、早十点之前购买可享受"买一送一"服务。说着用手一指墙上的报时钟，您看，现在已经十点过三分了。乡下父亲"啊"了一声，掏钱的手不动了，失望凝固在脸上。

他的儿子在旁边似乎也听明白了，很丧气地垂下了头。乡下父亲不安起来，局促地对儿子说，勇，要不，咱明天再来？叫勇的小孩说，明天还要看我妈去哩！乡下父亲搓着手不吭声了，脸上的表情更加尴尬。他转而试探地问服务生，同志，能不能宽限几分钟？我们一大早就往这儿赶，结果还是给耽误了！服务生依旧微笑着，不紧不慢地说，对不起先生，这是我们公司的规定，我也做不了主。乡下父亲重又失望地转向他的儿子，勇，要不晚上过了八点咱再来？勇惊讶地说，爸，十几里地，天黑咋走呀？乡下父亲说，你不用来，我来！勇说，算了，我不吃了，就当我没考"双百"。说着又低下了头。

乡下父亲咬了咬牙，枯皲的手在衣袋里摸索，似乎做出了一个艰难的决定。老李不经意地看了眼手机，这时刚好是十点五分。儿子正往嘴里海塞，见老李看手机，顺口问几点了？老李刚要回答，一个念头突然在脑海里出现，让他既紧张又兴奋，心怦怦直跳。老李答道：刚好十点。事不宜迟，他还要将错误进行到底！硬了硬头皮，老李朝吧台方向高声喊道，服务生，你们的表快了！快了整整五分钟！意想不到的是，旁边竟然有人附和，对，对！快了五分钟！还有人迅速地调整着手机，然后高高举起，看，现在刚十点！老李看到，尽管这时用餐的人不多，但几乎所有的人都发出了一致的声音。

一时间，吧台里的服务生全愣了，你看我，我看你，有些不知所措。刚才几个正忙不迭地说着"先生欢迎光临""先生请慢走"的服务生也马上噤了声，纷纷朝这边张望。乡下父亲和儿子也转过头来，一脸感激地寻找，寻找帮他们说话的人。他们的眼睛逐一扫过去，找不到定格的地方。顿时，整个大厅安静下来了，只有反复播放的轻音乐在低回缭绕。

刚才一直为父子俩"服务"的那个服务生掏出手机，狐疑地看着。一边看，一边模仿着电台播音员报时的腔调：现在是北京时间——她故意顿了一下，而后一个字一个字地说，不——到——点！说完扬起脸，冲其他几个姐妹诡秘地一笑。接着，老李听到，整个吧台内响起一片银铃般的"报时声"：北京时间——不到点！北京时间——不到点！……

乡下父亲从服务生手里接过热乎乎、暄腾腾的两个汉堡，转过身，用手背悄悄揩了下眼睛。

社会可能冷漠，人心却是温热的，当我们用自己的小小爱心去温暖他人时，会感动其他人，会像星星之火燎原那样，点燃一片幸福的火海。快餐店里那一片报时声，就是这样一片幸福的海洋。

日常生活中，幸福不是什么艰巨任务，而是一张笑脸，一声问候，一句感谢，一次帮助。这样的幸福，每个人每天都能得到。所以，当我们感觉自己不幸福的时候，不要问幸福在哪里，而应该问问自己，我学会怎样去拥有幸福了吗？

要像别人爱你那样爱别人

> 《圣经》中曾说："天父使太阳照好人，也同样照坏人。降雨给行善的，也给作恶的。"但上帝绝不把财富、荣誉和才能对人人平均分配。一般的福利应该人人均沾，而特殊的荣耀就必须有所选择。另外要小心，我们在做好事时，不要先毁了自己。神告诉我们：要像别人爱你那样爱别人。
>
> ——摘自《培根人生随笔·论善》

培根认为，应该像别人爱我们那样去爱别人。对于这句话，有的人可能理解为，别人给我多少爱，我就回报他多少爱，我的回报不会比别人给的少，但也没必要比他给的多，而且，如果别人给我的爱少得几乎没有，那么我对这个人也无须过度善良地施予爱。这样的理解也许没有错，但如果能从另外一个角度去认识培根的这句话，这个世界会因此变得更加美好。

像别人爱我们那样爱别人，是让我们记住别人对我们的好，是让我们学会感恩善良，并且学会善良。

中午用餐高峰时间过去了，原本拥挤的小吃店，客人都已散去，老板正要喘口气看看报纸的时候，有人走了进来。那是一位老太太和一个小男孩。

"一碗酸菜面要多少钱呢？"老太太坐下来数了数钱，叫了一碗热气腾腾的面，将碗推到小男孩面前。小男孩吞了吞口水望着奶奶说："奶奶，您真的吃过午饭了吗？"

"吃过了。"一眨眼工夫，小男孩就把一碗面吃了个精光。

老板看到这个场面，走到两个人面前说："老太太，恭喜您，您今天运气真好，您是我们的第100个客人，所以午餐免费。"

后来又过了一个多月，小男孩蹲在小吃店对面像在数着什么东西，让无意间望向窗外的老板吓了一大跳。

原来小男孩每看到一个客人走进店里，就把一颗小石子放进他画的圈圈里，但是午餐时间都快过去了，小石子却连50颗都不到。

老板看得心头激动，他赶快打电话给所有的老顾客："很忙吗？没什么事的话，来吃碗酸菜面，今天我请客。"像这样打电话给很多人之后，客人开始一个接一个到来。"70、71、72……"小男孩数得越来越快了。

终于当第99个小石子被放进圈圈里的那一刻，小男孩匆忙跑到一个胡同里拉着奶奶的手进了小吃店。

"奶奶，这一次换我请客了。"小男孩有些得意地说。真正成为第100个客人的奶奶，让孙子招待了一碗热腾腾的酸菜面，而小男孩就像之前奶奶一样，坐在那儿静静地看着。

"也送一碗给那孩子吧。"老板娘不忍心地说。

"那小孩现在正在学习'不吃东西也会饱'的道理呢！"老板回答。

吃得津津有味的奶奶问小孙子："要不要留一些给你？"

没想到小男孩却拍拍他的小肚子，对奶奶说："不用了，我已经吃饱了，奶奶您看……"

"不吃东西也会饱"，是因为心中有爱。老太太根据这个道理把爱给了小男孩，小男孩也在实践中学会了这个道理，把爱回报给老太太。在爱与被爱的同时，小男孩心中的爱心种子被浇灌发芽，一念善心助长一棵幼苗，棵棵幼苗可以成林。

像别人爱我们那样爱别人，还可以从另一个角度去理解，就是传递爱。我们从第一个人身上得到过爱，如果我们没有机会把同样的爱回报给他，那么我们可以把这份爱送给我们遇到的第二个人、第三个人……

韦利是一个患有先天性心脏病的小男孩，但他开朗活泼，和所有的人都能成为朋友。正是因他的乐观和快乐，很少有人知道他是一个可能随时离开人间的高危病人。

韦利有早起晨练的习惯。尽管医生不让他做高强度和剧烈的运动，但是韦利还是愿意早起看看清晨，看看太阳，看看一天的开始是如何的美丽。那是一个薄雾和轻烟笼罩的早晨，韦利走到城市中央广场的时候，发现一个人倒在地上，身上洒满了露水，脸色发紫，呼吸微弱，显然他正处在危险之中。韦利早已知道心脏病发作时的痛楚，他对这个陌生人的痛苦感同身受。四周很静，真正晨练的人一般不会来这里。韦利知道自己一个人无论如何也扶不起地上这个身材高大的人，怎么办？时间来不及了，韦利顾不上医生的警告俯身拉起他的衣服。就这样，12岁的韦利用尽全身力气一点点地把这个人在地上拖行了200米。终于有人发现了他们，韦利只说了一句"快送他去医院"便昏倒在地。

韦利醒来后看到的是陌生人一脸的关切和自责。他说自己因贪杯醉倒在街头，如果不是韦利救了他，医生说他会冻死在那里。陌生人愧疚地说："对不起，医生告诉我说你的心脏病差一点就要了你的命，你是在拿你的命救我。真不知道该如何感谢你！"

韦利笑了："我现在没事了，你也没事了。这就是最好的感谢！"陌生人一定要报答韦利。韦利想了想说："我真的不需要你对我有什么报答，只是希望你能像我救你一样，尽自己所能，去救助比自己的处境还要差的陌生人，我想这就足够了。"

许多年过去了，韦利活过了比医生的预言长数倍的时间。他还是和以前一样乐观，并且真诚地对待每一个人，在别人需要的时候尽自己所能帮助别人。但是韦利的病终于在一个冬天的早晨击倒了他。当时韦利正在一个很偏僻的地方散步，忽然感到心口一阵剧烈的疼痛，韦利挣扎了几下终于支持不住倒在了地上。

韦利醒来时发现自己躺在医院里，身边站着一个十几岁的男孩，正瞪着一双大眼睛关切地看着他。韦利很感激地握住男孩的手说："谢谢你，孩子，你救了我。你是怎么发现我的？"男孩很开心的样子："我早上要去爷爷家陪他，正好路过那个地方，看到你躺在地上，我就想起了爷爷说他年轻的时候被一个和我一样大的男孩救过的事。我想我也一定能够做到，于是我就使出全身的力气拉你。幸好你还不算重，我成功了，回去后我一定告诉爷爷，他告诉我要尽力帮助每一位需要帮助的陌生人，我今天做到了。"

韦利不知道该如何形容自己的心情，一次对人施以援手竟会带来一生受用不尽的恩惠。爱，真是一个同心圆，我中有你，你中有我。爱能产生人间一切的美德与奇迹。

也许有人会说，现实生活不会有韦利这样的幸运和巧合。可是我们应该相信，爱是一个同心圆，我们每一个人都是其中的一个环，如果我们所有人都能像别人爱我们那样去爱别人，把爱的接力棒传递下去，那么这个同心圆就可以不断地向外延展、扩张，覆盖整个世界，那么这份爱就可以惠泽世上的每一个人，那么韦利的幸运就不会只是巧合。

善良的心最宝贵

善的天性有很多特征。对于一个善人，我们可以由此去认识他。如果一个人对外邦人也能温和有礼，那么他就可以被称作一个"世界的公民"——他的心与五洲四海是相通的。如果他对其他人的痛苦不幸有同情之心，那他的心必定十分美好，犹如那能流出汁液为人治伤痛的珍贵树木——宁可自己受伤害也要助人。如果他能原谅宽容别人的冒犯，就证明他的心灵乃是超越于一切伤害之上的。如果他并不轻视别人对他的微小帮助，那就证明他更重视的乃是人心而不是钱财。

——摘自《培根人生随笔·论善》

人世间最宝贵的是什么？法国作家雨果说得好："善良即是历史中稀有的珍珠，善良的人便几乎优于伟大的人。"

2006年11月14日，兰州空军某部河南籍飞行员李剑英驾驶"歼-7G"型号歼击机，在训练结束下降途中，飞机不幸撞上鸽群，当时飞机上还有800多公升航空油、120余发航空炮弹、1发火箭弹以及助燃的氧气瓶等物品，飞机下方有一个化工厂和大量的群众，如果跳伞后飞机失去控制，坠入村庄，给人民群众带来的后果将不堪设想。在生死攸关的16秒里，李剑英毅然决定改跳伞为迫降，先后三次放弃跳伞求生机会，为了保护国家和人民群众的生命财产安全而不幸殉难。事故发生后，事发地周围的群众深深地为这个优秀的河南青年而感动，他们自发地到烈士殉难的地方为烈士祭奠。空军党委给李剑英追记一等功，并追授"空军功勋飞行人员"金质荣誉奖章。这是空军党委对一名飞行员的最高褒奖。

一个人的外表可以平凡，但内在的东西却可以使这个人不平凡。善良是一种高贵的气质，它可以令你周身透出可亲、动人和美丽的光芒，充满迷人的魅力。

善良是人心底最纯真、最美好的东西，它的内核很小，但它的外延却很大。所以培根才会说："善的天性有很多特征。"在培根看来，善良的表现有很多种：

对外邦人温和有礼是善良。

战国时，梁国与楚国交界，两国在边境上各设界亭，亭卒们也都在各自的地界里种了西瓜。梁亭的亭卒勤劳，经常为瓜田锄草浇水，瓜秧长势极好；而楚亭的亭卒懒惰，对瓜事很少过问，瓜秧又瘦又弱，与对面瓜田的情形简直不能相比。楚人死要面子，在一个无月之夜，偷跑到梁亭的瓜地里，把瓜秧全部扯断了。第二天梁亭人发现瓜秧被毁以后，气愤难平，告到县令宋就那里，说我们也过去把他们的瓜秧扯断好了。宋就听了，对梁亭的人说："楚亭人这样做当然是很卑鄙的，可是，我们明明知道他们的做法是错误的，那为什么还要学他们呢？别人不对，我们再跟着学，那就太狭隘了。你们听我的话，从今天起，每天晚上去给他们的瓜秧浇水，让他们的瓜秧好起来，而且，你们这样做，一定不要让他们知道。"梁亭的人听了宋就的话后，觉得有道理，于是就照办了。楚亭人发现自己的瓜秧长势一天好似一天，仔细观察，发现每天早上地都被人浇过了，而且是梁亭人所为。楚国的边县县令听到亭卒们的报告后，感到非常惭愧又非常敬佩，于是把这事报告给了楚王。楚王听说后，也感到了梁国人修睦边邻的诚心，特备重礼送梁王，既以示自责，也表示酬谢，结果这对敌国成了友邻。

对他人的痛苦怀有同情之心、宁可舍己也要为人是善良。

小方在一家社会福利机构做事。一天，小方照例去一户人家做调查。他照地址找了老半天，好不容易在一条破破烂烂的胡同里找到了这间小屋。小方敲了敲门，等了一会儿，忽然一个女人开了门。天哪！这个女人的半张脸都变形了，很明显是火伤造成的。

小方稍微颤了一下，但是很快镇定下来，随着女人走进了屋里。这是怎么样的一间房子啊！大概只有两平方米左右吧，拥挤不堪，黑漆漆的连一丝光亮也没有。

"小时候，家里发生了火灾，只有我和爸爸两人艰难逃生，其他亲人都烧死了……"

女人还说，火灾发生后，父亲一蹶不振，终日酗酒，还动不动就打人。她一个女孩儿，孤苦伶仃，每次看到颓废的父亲，心痛如刀绞一样。直到后来，她嫁给了一位盲人，生活中才出现了丝丝光亮，他们还有了一个双目失明但特别可爱的女儿……然而，生活总是让人不断经受磨炼，这样的幸福转瞬即逝：丈夫不久就去世了。

命运如此不济，她又能奈何！万般无奈之下，她只能靠乞讨过活，与女儿相依为命。

在女人整个叙述过程中，她都泣不成声。小方看着心痛，实在坐不下去了，于是安慰她，一定要再等等救济金援助。说完这些，他起身准备离开。这时，女人急忙叫住，从抽屉深处掏出一包东西递给他。意外的是，它居然是一包硬币！

"我对自己说，如果我讨到了十块面值的钱，我就把它用于生活；五块面值的钱，就攒着给女儿治眼睛；如果是一块面值的钱，就把它们分给那些比我更需要帮助的人……我就攒了这些，现在给您，麻烦您帮着处理一下……"

小方哪里忍心收下这些来之不易的钱！可是，女人百般恳求，无奈之下，小方接过了这沉甸甸的一包钱！它的意义，任何巨额财富都无法比拟！虽然每个硬币都脏兮兮的，失掉了它的原色。然而，小方却分明看到了一丝丝光芒。困难容易让人选择放弃，女人在生活的连番打击下，放弃了尊严去乞讨，却不放弃善良去感恩，那不正是人性伟大的光辉吗？

培根还说，对别人的冒犯报以宽容是善良，不轻视他人的微小帮助也是善良。当然，善良的表现不仅如此：打猎者不猎杀幼仔和孕兽，打鱼者不用密网网小鱼，伐木者不伐稚苗等，都是善良。有两则小故事。一则是说一场暴风雨过后，成千上万条鱼被卷到一个海滩上，一个小男孩每捡到一条便送到大海里，他不厌其烦地捡着。一位恰好路过的老人对他说："你一天也捡不了几条。"小男孩一边捡着一边说道："起码我捡到的鱼，它们得到了新的生命。"一时间，老人为之语塞。还有一则故事是发生在巴西丛林里，一位猎人在射杀一只豹子时，竟看到这只豹子拖着流出肠子的身躯，爬了半个小时，来到两只幼豹面前，喂了最后一口奶后倒了下来。看到这一幕，这位猎人流着悔恨的眼泪折断了猎枪。如果说前一个故事讲的是孩子对生命善良的本性，那后一个故事中猎人的良心发现也不失为一种"善莫大焉"。

善良的外延很大，舍己为人是善良，举手之劳也是善良；无私奉献是善良，一句温暖的安慰也可以是善良。善良没有大小高低之分，人人都有善良之心，人人都可以做善事。所以，行善事并不难，只要我们常怀善良之心，把善良给别人，也给自己，那么人类将与日月同辉；留一份善良给世界，那么世界将与星宇同寿。

爱别人就是爱自己

那种"只知自爱却不知爱人的人"，最终总是没有好结局的。虽然他们时时在谋算怎样为了自己而牺牲别人，而命运之神却常常使他们自己，最终也成为自己的牺牲品。纵使人再善于为自己打算，却毕竟不能捆缚住命运之神的翅膀。

——摘自《培根人生随笔·论自私》

从前，有一个小男孩不懂得什么是回声。

一天，他对着大山喊道："喂！"回声便也喊："喂！"

男孩又喊道："你是谁？你是谁？"回声也问道："你是谁？你是谁？"

男孩又大声叫起来："笨蛋！大笨蛋！"回声也毫不客气地回敬了相同的话："笨蛋！大笨蛋！"

男孩很气愤，跑回家把事情告诉了妈妈。妈妈说："是你不对呀！只要你和和气气地对它说话，它也会对你和和气气地说话。"

确实，生活中有很多事情，只要我们和和气气地善待别人，得到的也才会是和气的善待。比如在拥挤的人群中被踩了一脚，给对方一个宽容的微笑，会得到对方诚挚的道歉，但如果恶语相加，得到的就会是一场无休止的谩骂。

任何时候，在决定怎么对待别人之前，先假设对方就是自己，自己会希望得到怎样的对待，然后以这个方式去对待别人，那么我们期望得到的待遇往往就真的能降临。

数学符号里有一个约等号，表示两个不完全对等但也相差不大的数值。我们得到别人的爱的大小，就是约等于我们给别人的爱的大小，它们虽然总是不对等，但其间的差值往往是可以省略掉的。

山林中住着许多动物，一天，山神召集所有的动物开会，说是要举行搬运木头的比赛。大家听到这个消息，都十分兴奋。大家纷纷摩拳擦掌，准备在赛场上一比高低。

动物们各自盘算着夺取冠军的事。黑熊力量很大，它心里想，如果比赛顺利的话，自己拿个冠军头衔是很有希望的。野猪浑身都是力气，而且经常从事体力劳动，练就了一身硬功夫，它渴望得到这个冠军。猎豹奔跑速度快，身手敏捷，它想，自己如果能发挥出速度快的优势，夺取冠军是不成问题的。大象力大无穷，它想，这搬运的工作是自己的特长，如果能够正常发挥水平，这夺冠军就如囊中取物一样。大家都憋足了一股劲，准备在赛场上大显身手。

黄羊也报名参加了比赛。大家觉得黄羊力量不大，跑得也不是很快，于是认为黄羊只是参与而已，没有夺冠的实力，最有可能的是落在最后。

按着比赛规则，大家将木材从河东岸运到河西岸，必须走过架在河上的一座独木桥。在不落水的情况下，谁运送的木材多，就算谁赢。

比赛开始了，黄羊扛着木头走到桥边，当它正想过桥时，发现黑熊运完了一根木材回到了桥边，黄羊想，还是让黑熊先过吧，自己晚过去一会儿，不会对比赛成绩有什么大影响，而且，两边都想过桥，总得有先有后，同时过桥肯定是不行的。就这样，黄羊每当到桥边，只要发现有别的动物走到桥边，它总是让别的动物先过桥。观看比赛的动物都纷纷说黄羊过于善良，每次过桥总是给别的动物让路，这样肯定会输掉整个比赛的。

两个时辰到了，山神宣布比赛的结果，黄羊获得了比赛冠军。大家都不相信这是真的。但经山神细说比赛经过，大家才恍然大悟。

原来，只有黄羊肯为其他动物让路，所以它每次都能顺利过桥，可是其他动物却不肯为对方让路，结果，很多动物在桥上对抗，你不让我，我不让你，结果浪费了大量的时间。大象和黑熊在桥上动武，结果双双跌到桥下，丧失了继续比赛的资格。猎豹和野猪在桥上谁也不肯给谁让路，结果它们结了仇，相约到河边去角斗，它们斗了一个时辰，也没有斗出高下，忘记了比赛这码事。

还有许多动物都陷入了这样或那样的麻烦中，根本无法运送木材。只有黄羊自始至终一刻不停地运送木材。它运送的木材堆积如小山一般，它是名副其实的冠军。

山神最后说，给对方让路，就是给自己让路。这就是黄羊取胜的秘密。

黄羊给其他动物让路，看似吃了亏，但在最后累计下来，它却是吃亏最小的，因此夺得了比赛的冠军，获得了最高的奖赏。

世上许多事情都是这样的，给别人让路其实就是给自己让路，爱别人就是爱自己，不计较一时吃亏，我们才能在最终不吃大亏。

生活的真谛，就是善待别人的人才会得到他人的善待。那些总是想着别人善待自己，而自己却不愿意为别人牺牲一丁点儿的人，通常也不会有人愿意为他牺牲。

善于沉默是一种修养

> 　　赤裸裸的暴露总是令人害羞的（无论在肉体上或精神上）。而一个善于沉默的人，则显得有尊严。所以说，善于沉默是一种修养。
>
> 　　　　　　　　　　——摘自《培根人生随笔·论伪装与沉默》

　　有人说，人与动物的一个很大的区别，就是人有自尊心和羞耻感，不愿意赤裸裸地暴露自己，包括肉体上和精神上的。确实，我们乐意跟别人分享自己的优点和长处，却喜欢把缺点和短处藏起来，就像穿衣服遮住身体的隐私部位那样。

　　一个有修养的人，不会去撕扯别人的衣服，那么也不应该随意暴露别人的秘密。即使别人的秘密不小心流露出来了，有修养的人也会保持沉默，不去传播，并且尽力帮助他重新将秘密盖起来。

　　闲鱼今年刚上高一，他是个生性开朗讨人喜欢的孩子。刚进班分座位的时候，隔着窄窄的过道，同排坐着个女孩，她的名字非常特别，叫冷月，听来给人冰凉凉的感觉。冷月是个任性的女孩，白衣素裙，下巴总是抬得高高的，有点拒人千里的感觉。冷月总是喜欢封闭自己，轻易不同别人交往，就是连女生们也是一样。有一次，闲鱼将书包甩上肩膀的动作过火了，把她漂亮的铅笔盒打翻在地上。她拧起眉毛望着不知所措的他，但最终还是没有说一句不好听的话。虽然冷月的眼光冷冰冰的，但对她最终的沉默，闲鱼还是心存感激的。

　　不久，冷月住院了。据说她得的是肺炎。闲鱼看到那空荡荡的座位上的纸屑便悄悄地捡起扔了。闲鱼的父亲是肿瘤医院的主治医生。有一天回来就问儿子认不认识一个叫冷月的女孩，因为冷月刚好和他在同一所学校。听他爸爸说冷月得了不治之症，已经是晚期了，连手术都无法做，唯有静静地等待那可怕的结局。

从那以后，闲鱼每天到学校总是不会忘记做一件事，将冷月的座位认认真真的擦拭一遍，但他没有向任何人吐露这件事情。

半个月以后，冷月来上学了，仍是白衣素裙，只是脸色十分苍白，像透明了一般。班里没有人知道冷月病情的真相，连冷月本人也以为诊断书上写的仅仅是肺炎。她得的是绝症而她又是个忧郁脆弱的女孩。她的父亲把她送回到学校，是为了让她安然地度过这最后的日子。

这些天，闲鱼变了，他常常主动与冷月说话，他只是希望让冷月开心地度完这最后的日子。在她脸色苍白时，为她倒来热水；在她抑郁时，为她讲几个笑话；在她偶尔哼一支歌的时候为她热烈鼓掌。还有一次听说她过生日，他买来贺卡动员全班同学在卡上签名。

于是大家议论纷纷，相互挤眉弄眼说他是冷月忠诚的卫士，就连老师也误会了。老师将冷月调到了他前面，她得知后也躲着他。可他一如既往，缄口沉默，没有向任何人吐露一点口风。这期间，冷月高烧过几次，忽而住院，忽而来学校，但她的座位始终被擦拭得一尘不染。

直到有一天，奇迹发生了，冷月体内的癌细胞突然找不到了。医生开了个新的痊愈判断，说是高烧在非常偶然的情况下会杀伤癌细胞，而这种概率也许是十几万分之一，纯属奇迹。冷月从死亡线上回来了。这时，冷月才知道发生的一切，才知道闲鱼的父亲竟是自己的主治医生。

冷月给闲鱼写了一个纸条，纸条上只有六个字"谢谢你的沉默"。闲鱼没有回条子，只是扬了扬唇角，淡淡地笑了笑。

能够承担误会去默默关心朋友，默默地为朋友守住一个秘密，这样的人可以称为有高贵修养的绅士。

舍天下之财，成天下之善

不要梦想发横财。财富应当用正当的手段去谋求，应当慎重地使用，应当慷慨地用以济世，而到临死时应当无留恋地与之分手。当然也不必对财富故作蔑视。

——摘自《培根人生随笔·论财富》

自古以来，将个人财富传给子孙后代，是人类普遍的做法。但有"股神"之称的亿万富豪巴菲特对金钱却有着超凡脱俗的深刻见解，他说："财富应该用一种良好的方式反馈给社会，而不是留给子女……"

是的，对待财富的正确态度，就应该是把它看作取之社会用之社会的某样物品；我们要正正当当地获得它，也慷慨大方地使用它；它不从属于我们某一个人，我们也不应该受它控制。过度地渴望财富，错误地使用财富，往往会给我们带来伤害。

这是一个真实的故事。一个美国人中了头奖，得到3.14亿美元。可是金钱没有给他带来快乐，相反带来的是无穷的烦恼，最后差不多家破人亡。

得头奖的人名叫杰克，本来就是一位百万富翁，开着下水管道公司，手下有一百多名员工。他出身贫寒，全凭自己的辛勤劳动，取得了成功。他有一位结婚四十多年的恩爱妻子，有一个视为掌上明珠的外孙女。他是很典型的美国人，诚实，善良，勤奋，爱家，经常去教堂。当他得奖以后决定扩大自己的企业，改善自己的生活，并花钱帮助本州有困难的人。这些都非常符合常理。

然而平静的生活一去不复返了。当地和附近的人知道他发了大财，不管认识不认识的，都想从他身上捞一笔。不过各人用的方法不同。有的死搅蛮缠，有的拍马奉承，有的威胁恐吓，有的软磨硬泡。不管杰克走到那里，都有人事先埋伏在那儿，想方设法和他接触。他被弄得烦恼不堪。好在他不缺钱，花点小钱打发他们走是他可以做出的最佳选择。没想到这么一来，招来了更多的人。他专门请了三个人为他处理这些乞助信件，照样忙不过来。他无法正常生活了，他变得烦躁不安，容易发脾气，他看透了人的丑恶的一面，再也没有过去那种平等、互助、彼此关心的气氛。他逐渐变得看不起人，盛气凌人，整个世界在他的眼里已经变了形了。而外界世界对他的看法也变了一百八十度。他不再是一个君子绅士，而是一个狂人。

由于有了花不完的钱，他与众不同了，他不再是一个普通人了。本来他去教堂，诚心诚意地祷告，请上帝宽恕他的错误。现在他敢于向上帝挑战了。他经常说的一句话就是：我的钱比上帝还多。你们必须按照我的话做。你们应该为我欢呼，庆祝我的成功。当地小镇本来有一个小教堂，比较破落寒酸。杰克得奖后答应花百万美元重建教堂。可是教堂建成后，大家讨厌他的趾高气扬，宁愿去又窄又小的老教堂，也不愿意去杰克花钱修的新教堂。钱，并不能买动人。人们自有自己的评价标准。

然而最不幸的是他视若生命的外孙女的遭遇。杰克的女儿因为丈夫自杀身亡，自己又得了癌症，把女儿从小就寄养在她的父亲家。所以杰克夫妇把孩子抚养大，对待外孙女比自己的女儿还要宠爱。杰克常说外孙女布兰迪的世界就是他的世界。当杰克中奖时，布兰迪16岁，在高中念书，是一个健康快乐的普通女孩。她有自己的同学、老师，相处得无忧无愁。可是自从外公中了大奖以后，她用外公的钱摆阔气。请吃请玩是小事，更拿外公的钱买豪华轿车，拿钱雇用同学当司机，一次就给500美元。送同学礼品，其中有时髦服装，甚至大钻石戒指。这种摆阔行为招来了一批趋炎附势者，他们想办法讨好她，奉承她。她的世界跟她外公的一样，整个变了。她的朋友换了一批又一批。逃学成为家常便饭。逃学干什么？到处无目的地游荡，甚至闯祸。好在有钱，闯了祸拿钱摆平。这就是她的生活。后来她结交了一批最危险的吸毒者。她的男朋友因为吸毒过量死亡。最后她自己也走到了同样的结局。这使得杰克痛不欲生。

可是杰克并没有真正懂得是什么导致了他外孙女的死亡，他认为那些教唆布兰迪吸毒的人是罪魁祸首。他不明白，真正的祸根是钱。当人们做钱的主人时，钱给人带来幸福，而当人们变成钱的奴隶时，钱则给人带来灾难。

一开始，杰克对中奖所获得的钱财是有着正确态度的，可惜他没能把这种态度坚持下来，以致后来变了样，引起连锁反应，他和外孙女的世界也彻底变了样。财富有时候就是这么可怕，当人们做了它的奴隶时，不管是获取财富还是使用财富，都可能变成一种灾难。

曾经连续13年蝉联世界财富冠军的比尔·盖茨，其一生都在追逐财富，并为此耗费了大量的精力和心血。不过，庞大的财富没有给他带来灾难，而是带给他幸福，因为他始终能够以正确的态度去对待自己所拥有的财富。他说："我只是这笔财富的看管人，我需要找到最合适的方式来使用它。"2008年6月27日，比尔·盖茨正式从微软退休，他将580亿美元身家捐献给慈善事业。在此之前，他已经为世界各地的慈善事业捐出超过290亿美元的财富，成为世界上最慷慨的人。正是这种对社会的慷慨，让比尔·盖茨获得了真正的幸福。

君子爱财，既要取之有道，又要用之有道。比尔·盖茨舍天下之财，成天下之善。他的这种财富观是对待金钱的正确态度，值得我们学习。

树要静美，人要慎独

> 人要慎独。在只面对自我的时候，人的真性是最容易显露的。因为那时人最不必掩饰。在激动的情况下，也易于显露天性，因为激动使人忘记了自制。另外在脱离了所习惯的环境，而处于一种不适应的新境遇中时，人的真性也可能显露。
>
> ——摘自《培根人生随笔·论天性》

慎独，就是"在独处无人注意时，自己的行为也要谨慎不苟"。慎独是儒家的重要思想，也是儒家自我修养的重要手段。但是，慎独虽然是古人提出来的，却并没有因时代的更迭变迁而失去现实意义。在崇尚自由的现代社会里，慎独开辟了一条从自律走向自由的通道，依然是一个人道德修养的最高境界，是人格美的最佳表现。

现实生活中，有的人，在众人面前讲究卫生，独自一人时却随地吐痰；有警察时遵守交通规则，一旦路口无人值守就闯红灯；在自己熟悉的团体内谦恭有礼，一旦置身于陌生的环境就不再遵守公德。这些人之所以会这样做，就是因为他们没有慎独的自我要求。他们认为，"规矩是给别人定的，而我可以想办法突破它"。但实际上，在契约社会中，只有人人都以自觉约束的方式享受自由，才能获得持续的权利。所以，慎独是行为自由的支撑。

事实上，不仅行为上的自由需要慎独的自我管理作支持，精神上的自由也同样需要。我们日常的行为都会对精神起一定的影响作用，在我们无人窥探的内心，或者在没有人发现的独处时候，邪念很容易入侵我们的思想，这时，若不想日后背负愧疚、悔恨等精神罪责，唯一的办法就是做到慎独，赶走所有的歪理邪念。

多年前，一个年轻人因为抢劫银铛入狱。之后刑满释放，从监狱里出来已经好几个月了，还是没有找到工作。有一天，在一个建筑工地上，他无意间看到了中学同学朱德文，绰号蚊子。蚊子是工地上的一个小包工头，还算有些权力，就安排他当了一个力工，吃住都在工地上。"先干着吧，等以后有了好去处再说。"蚊子说。他和蚊子其实不算怎么熟络，上学的时候都没怎么说过话，蚊子在同学聚会的时候，还听说过他犯了事，但蚊子没说别的，就让他留下了。不管怎么样，暂时总算有了一个落脚的地方，他心里很感激蚊子，想有一天开了工钱一定请蚊子去饭馆里好好吃一顿。

那天，蚊子拿了5000元钱回来，说是向老板要了半年才要回来的。天太晚，已经没有客车了，蚊子说不回去了，要在他的棚子里将就一宿。蚊子还弄了花生米、香肠和几瓶啤酒，两个人聊起上学时候的事情。蚊子有些不胜酒力，喝了两瓶就有些摇摇晃晃了。他的心里就有了坏念头，那些藏在心底的"恶"又蠢蠢欲动起来。在监狱里改造了5年，他以为那些"恶"已经被连根拔除了，没想到它们还在偷偷地生长着，使他的灵魂跟着扭曲变形。

他不时地盯着蚊子的包。他现在太需要钱了，他想如果现在下手，蚊子没有防备，会很容易得手的。他又开了一瓶酒，想让蚊子醉得彻底些，那样他的成功率会更高。蚊子又喝了一大口，然后就嚷嚷着要睡觉。让他没有想到的是，蚊子睡觉前竟然把装钱的包塞到了他的怀里，对他说："我喝多了，你替我拿着吧，我对我自己不放心。"然后脸冲里，呼呼就睡着了。

天赐良机！他这样想道。握着那装着5000元钱的鼓鼓囊囊的包，他心慌意乱。那些钱对于他来说，诱惑是巨大的。况且天已经黑了，他转眼之间就可以逃之夭夭。

他试着起身开门，蚊子没有反应，依然鼾声如雷，睡得香甜。

他很快融入了夜色里，却忽然停住了脚步，心底的"恶"有些退缩。他想到，这几个月里，他受尽人们的白眼，没有一个人信任他，所有的人都因为他是一个劳改犯而拒绝他、排斥他，只有蚊子帮了他一把，而且如此信任他，对他毫无防范之心。如果自己真的拿走了这些钱，就是给唯一信任自己的人当头泼了一盆冷水，让人多寒心。做人不能这样！他这样想着，折回身，重新回到棚子里，又躺到了蚊子身边。蚊子的鼾声依旧排山倒海。

不过，这真是一个千载难逢的好机会。躺在那里，他的"恶"并不死心，依然怂恿着他。那一夜，他被这5000元钱折磨得疲惫不堪，感觉心底像压了一块大石头一样。

他终究没有拿走那些钱。早上他把包递给蚊子的时候，感到莫大的轻松。因为一夜没有合眼，他的眼睛红红的，蚊子问他怎么了，他撒谎说怕钱丢了，一夜没合眼地看着它。蚊子忙说对不起，对不起啊，害你遭罪了。

时光一晃而过。10年之后，他白手起家，从一无所有的劳改犯变成身家过亿的富商。他的经历可谓传奇。作为很有名望的民营企业家，他的事迹常常是当地报纸的头条、人们茶余饭后不厌的谈资。他的商品从不掺假，他被人称道的品质就是诚信。与人谈起自己成功的经历时，他总是毫不避讳自己曾经阴暗的心路历程，包括那一个让他辗转反侧的夜晚。他说，那个夜晚，真正改变了他的命运。从那个夜晚之后，他就决定了要靠自己的能力奋斗下去。因为一个人的信任让他觉得自己还是一个有用的人，他不能辜负这个人的信任。他感激那个人，他会一辈子记住他的名字：朱德文。

慎独不是要把自己修持成神仙，不是为了打造"公众的形象"，而是为了沐浴灵魂，保持心灵上的诚然愉快状态。当然，要做到任何时候都能慎独自律，并非一朝一夕的事。因为一天做到慎独也许容易，一辈子都做到慎独就很难。这就需要我们长期地坚持，不断地完善与进步，形成良好的个人品德，达到较高的道德境界。这个过程虽然很艰苦，但收获是非常大的，因为做到慎独，生命才是自由的。自觉地进入了慎独的境界，我们再开眼看到的世界就不再有阴暗，处处都是明亮的美。